VÍDEO COMPRESIÓN

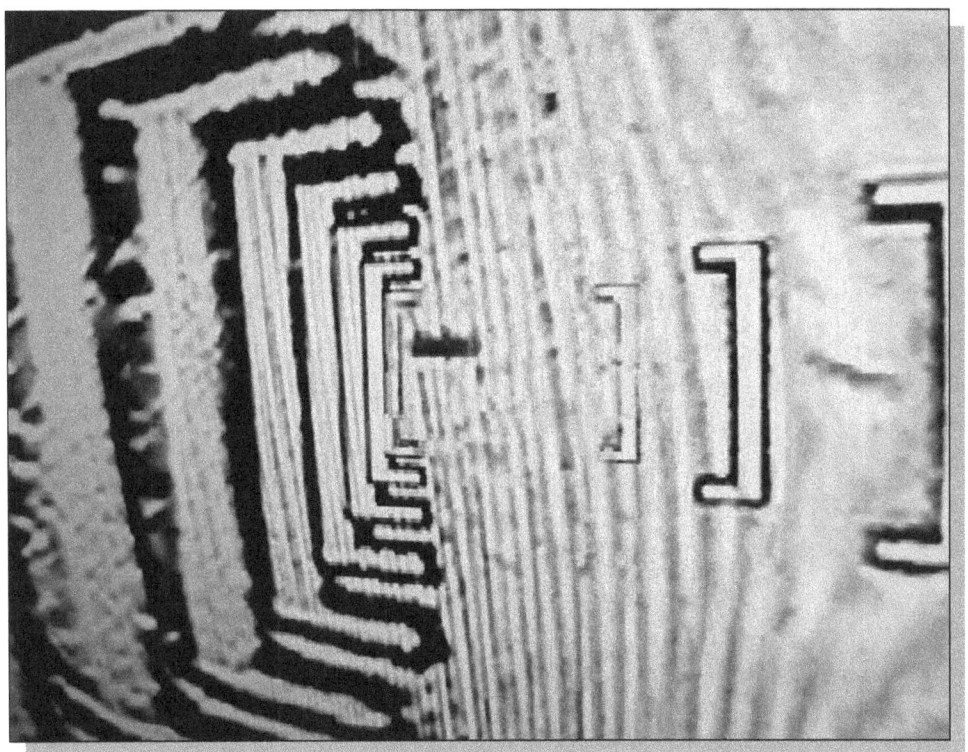

Dedicado a Mi Familia

Noviembre 2009

VÍDEO COMPRESIÓN

ÍNDICE

0 INTRODUCCIÓN A LA TEORÍA DE LA INFORMACIÓN

La *Teoría de la Información* trata sobre la medida cuantitativa del **contenido de la información** de las señales y de la caracterización, por sus propiedades, de los sistemas que la transfieren. En cualquier transferencia de información participan como componentes, una fuente de información, un emisor codificador, un canal de transferencia, sobre el que influye normalmente una fuente de interferencia, un receptor decodificador y el usuario (*Figura 0.1*).

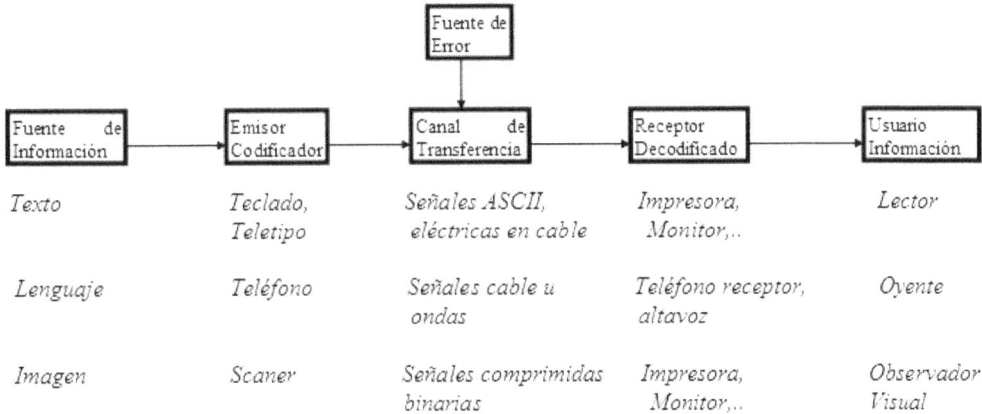

Figura 0.1 . Concepto Teoría Información. Ejemplos.

Para la formación y transferencia de la información se necesitan señales seleccionadas por la fuente de información, por ejemplo, letras, cifras, señales Morse, señales de puntos de luz, etc. La mayoría de las veces estas señales se traducen o codifican en el emisor en otras señales apropiadas para la transferencia por el canal correspondiente: la banda de información voz de 20 Hz a 20 Khz se translada en el espectro de frecuencias por modulación, para poder realizar varias comunicaciones voz sobre el mismo canal; los datos voz o imagen se comprimen, para poder tratar más cantidad de señales sin necesidad de ampliar la capacidad de manejo de volumen de información del canal de transferencia.

En el receptor, la información transferida se vuelve a decodificar (demodular, descomprimir, reclasificar, etc) y se transmite al usuario en su forma original. La teoría de la información pretende definir los procedimientos de codificación que adecuan óptimamente la transmisión de la información a un canal de transferencia determinado, y proteger las señales de pérdidas por interferencias.

El concepto de **información** hace referencia sólo a la parte medible, matemática o cuantitativamente formulada de esa información. Esta aseveración se entiende ilustrada sobre un ejemplo: si se considera el caso sencillo de un dado, cada uno de los posibles valores obtenidos en una tirada tienen la misma probabilidad de salir, $P=1/6$. Para el jugador existe la misma incertidumbre con todas las posibilidades; cada jugada posee, por tanto, el mismo contenido de información; generalizando, se puede decir que *información es la eliminación medible de incertidumbre sobre cualquier circunstancia.* Esta eliminación de incertidumbre sobre un suceso es tanto mayor, cuanto menor sea la probabilidad *P* de que ocurra dicho suceso. La medida del contenido de información *I* se deriva, pues, del valor inverso de la probabilidad, es decir, *1/P*. De aquí se deduce, que en un suceso que ocurre con seguridad, a saber, con $P=1$, el contenido de información será $I=0$. Esta última condición se obtiene matemáticamente trabajando con la función logarítmica, al ser $log 1 = 0$.

Normalmente la transmisión de información se lleva a cabo utilizando señales binarias: la fuente de información puede dar a conocer la decisión entre dos posibilidades; la cantidad elemental de información o *bit* está asociada a un contenido de información $I=1$.

Según lo expuesto, el contenido medible *I* de una información se define del siguiente modo: $I = log_2 1/P = ld\ 1/p$, con $ld = log_2$ logaritmo dual.

En el juego de los dados, el contenido de información de cada jugada se expresa numéricamente como, $I = ld\ 1/1/6 = 2.58$ bits. En general y, como la probabilidad de aparición de cada señal en un conjunto de *n* estados igualmente probables de la fuente de información es $P=1/n$, se puede decir que, $I = ld\ n$ [1].

En la definición de la medida de información anterior, se ha considerado la hipótesis de que todos y cada uno de los posibles *n* estados de la fuente de información aparecen con la misma probabilidad. Sin embargo, la mayoría de las veces aparecen las señales o los estados de las fuentes de información con probabilidad desigual, como por ejemplo, en el caso de las letras del alfabeto para la formación de palabras en el lenguaje escrito y hablado: en castellano la *e* es una letra muy común, mientras que, por ejemplo, la *k* tiene menor nivel de ocurrencia.

Otro ejemplo claro de desigualdad de probabilidad de ocurrencias es el caso de todos los posibles valores de luminosidad de los diferentes puntos de luz de una imagen digitalizada.

Por otro lado, es importante tener en cuenta el hecho de que en la codificación, transferencia y decodificación pueden aparecer interferencias en la transmisión de la

---

[1] Se suele usar la conversión : $ld\ n = log_{10} n/log_{10} 2 = 3.32 * log_{10} n$

información, lo cual implica la pérdida de una parte de la cantidad medible de la información. Las medidas utilizadas para asegurar la información contra interferencias se engloban en el concepto de *redundancia*. En el caso de una comunicación escrita en castellano, se demuestra que es posible el reconocimiento completo de un texto mutilado de forma arbitraria, incluso aún cuando dicha mutilación abarque hasta un 45% del mismo.

Con estas experiencias se ha demostrado que la lengua española usa por término medio sólo 1.5 bits por letra, siendo el contenido teórico medio de cada una de las 26 letras del alfabeto de *ld* 26=4.7 bits; la redundancia media en textos castellanos es, por tanto, del orden de 3.2 bits por letra (4.7-1.5).

La teoría de la información muestra que la transferencia de información está más libre de interferencias, cuanto mayor sea la redundancia con la que se ha elaborado la codificación. Pero no en todos los casos interesa mantener un alto nivel de redundancia de información. En particular, en el tratamiento digital de imágenes la cantidad de datos que se manejan es tal que resultan difíciles de transferir o manipular.

1 REPRESENTACIÓN NUMÉRICA DE LA INFORMACIÓN VISUAL

La información visual se maneja a base de ***paquetes de datos*** de tamaño prefijado, cada uno de los cuales constituye una ***imagen*** de dimensiones finitas. Estas imágenes se definen a través de una ***ventana***, por la que fluye toda la información, normalmente discretizada mediante algún tipo de muestreo.

El problema en el manejo de estos paquetes, constituidos por grupos de bloques de datos, es la cantidad de información que representan en tiempo real y , que por supuesto hay que almacenar para su posterior tratamiento y proceso [1]. Por ejemplo, la señal de video más sencilla (NTSC), utiliza imágenes a color o **"frames"** de 640x480 puntos que definen 900 Kbytes/frame. Utilizando 25 frames/segundo se precisa 27 Mbytes/segundo, o bien 97 GBytes/hora.

Evidentemente, es muy difícil tratar con estas cantidades de información , que crecen de forma vertiginosa cuando se mejora la calidad (**resolución**) de la señal de video. La solución está en el uso de las técnicas de compresión. Para el ejemplo anterior, utilizando un nivel de compresión de 100:1 la señal de NTSC precisa 1 Gbyte/hora, lo cual representa una mejora sustancial.

1.1 Representación Discreta por Muestreo

Una imagen real es imposible de representar con absoluta fidelidad. Lo que se hace es que dentro de la ventana elegida, la intensidad de cada punto de coordenadas (x,y), se representa con la mayor precisión posible, utilizando un número finito de bits.

De este modo, escogiendo un conjunto finito o **"set"** de puntos (x,y) , representativos de la imagen total (**muestreo**) y definiendo su brillo mediante un número prefijado de bits (**cuantificación**), se obtiene la codificación de la imagen. Si el tiempo interviene como parámetro y el proceso completo se repite periódicamente, los datos se generaran a un ritmo concreto de bits/segundo , nombrado como **"bit-rate"**.

A este procedimiento de muestreo y cuantización se le denomina *Modulación por Código de Impulsos o codificación PCM*, que implica una modulación inicial, por conformación de una señal (modelo de cuantificación) de acuerdo a la forma de otra (imagen), y la posterior transmisión de los bits resultantes.

---

[1] "Si una imagen vale más que mil palabras, una videoimagen vale más que 1.8 millones de palabras por minuto".

R. Herrtwich

Normalmente, el conjunto ("set") de puntos muestreados suele ser una matriz rectangular organizada en filas y columnas, aunque en algunas aplicaciones la localización de las muestras se realiza de forma aleatoria.

Cada una de las muestras elementales constituye un **pel o píxel** . Es evidente que cuanto más juntos se encuentren los pixels, mayor será la calidad de la imagen que representan (concepto de **resolución espacial**).

Sin embargo, a menor espaciamiento entre pixels, mayor será la cantidad de datos en forma de bits a utilizar, aún cuando la resolución espacial crezca y, por tanto, la fidelidad de la representación.

1.2 Escaneado por Rastreo

Es la representación discreta por muestreo más común utilizada. El escaneado por rastreo convierte la imagen bidimensional en una señal unidimensional.

Básicamente, la imagen de dimensiones X,Y es segmentada en M_Y barras horizontales o **líneas**, numeradas de arriba a abajo. La señal unidimensional, función del tiempo, se obtiene escaneando cada una de las líneas numeradas secuencialmente, de izquierda a derecha y de arriba a abajo, por detección de la intensidad de cada muestra realizada.

Se utiliza una zona negra no visible a la derecha y en el fondo de cada imagen recogida, para permitir un tiempo de retorno de escaneo al pasar de una línea a otra y de una imagen a la siguiente. ***Figura 1.1***

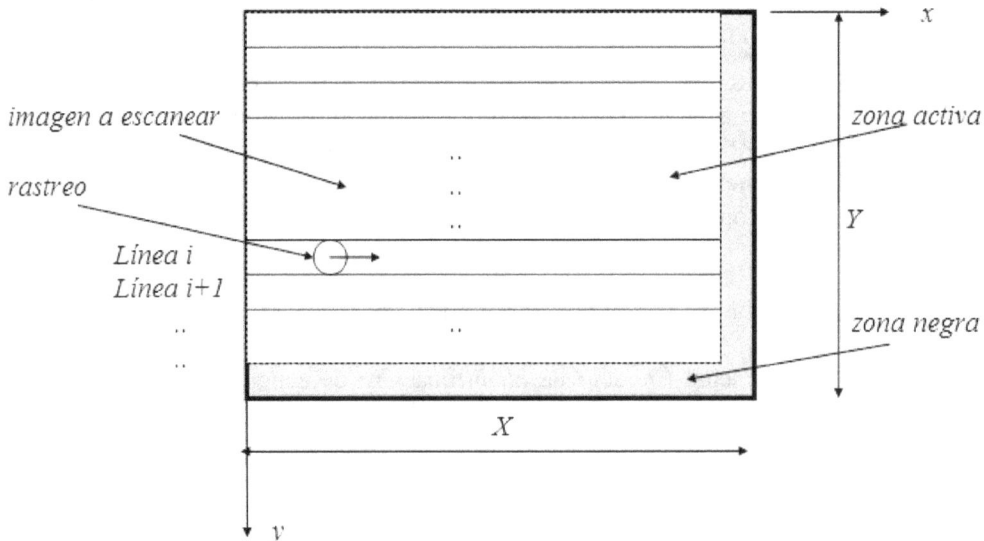

Por ejemplo, NTSC americana utiliza 525 líneas por cuadro ("frame"), de las que sólo 480 son activas (visibles). Dependiendo del formato usado, el muestreo por línea puede ir, por ejemplo, desde 240 de la señal en VHS, a más de 500 en el antiguo Beta-SP o hasta más de 1000 para la TV de Alta definición (HDTV) .

1.3 Variación Temporal de la Imagen

Si se pretende representar la variación temporal de la información visual, hay que utilizar un set de muestras, ahora tridimensional (x,y,t), definido por un número finito de bits por segundo.

En la práctica, y como el ancho de banda adecuado para la visión humana es del orden de 10 a 15 Hz, el nivel de muestreo debe estar comprendido entre 20 y 30 Hz, puesto que, para no confundir una señal muestreada con otra diferente ("aliasing"), hay que muestrearla al menos 2 veces por ciclo ("Teorema de Shanon").

Lo dicho significa que, para obtener la representación de una secuencia de imágenes, hay que usar al menos del orden de 20 a 30 cuadros ("frames") por imagen en un segundo.

Por otro lado, es importante tener en cuenta que para la reconstrucción de una imagen réplica, a partir de un conjunto finito de datos, generalmente, hay que hacerlo mediante interpolación, añadiendo postfiltrado. Es decir, el "set" de datos representativos de la imagen no suele ser suficiente para su reconstrucción y se amplia por interpolación.

En las imágenes muestreadas temporalmente y, a causa de su difícil implementación, sólo se utiliza postfiltrado temporal en ciertos displays de características especiales. Lo normal es que los displays se adapten a las características de postfiltrado temporal del ojo humano, emitiendo cada cuadro sin ningún tipo de interpolación o postfiltrado artificial.

El ojo humano cuenta con 2 propiedades de postfiltrado temporal importantes.

La primera, es que la habilidad de interpolación temporal entre cuadros es inversamente proporcional al nivel de la luz ambiente y al brillo del cuadro proyectado. Es decir, cuanto más brillo tenga la proyección, más vibrará la imagen debido a un insuficiente postfiltrado temporal del ojo.

De este modo, la proyección de imágenes en movimiento en un lugar poco iluminado, puede mejorar su fidelidad utilizando un display de 32 a 48 Hz. Sin embargo, la televisión en una habitación bien iluminada y con un nivel de brillo de imagen relativamente alto, requeriría una proyección de 50 a 60 Hz para evitar la vibración de imágenes. Hoy en día, se utilizan proyecciones de hasta 100 Hz, para eliminar este problema sea cual sea la condición iluminación-brillo de emisión de las imágenes.

Típicamente, suelen recogerse las imágenes con cámaras a una frecuencia determinada (comercialmente a 24Hz, cuadros/segundo), y se proyectan a una frecuencia superior, repitiendo cada cuadro 2 o 3 veces : en los cines sobre la pantalla se emite a 48 o 72 Hz, eliminando cualquier posible vibración por movimiento de imágenes.

En televisión no se puede utilizar este procedimiento, ya que significaría almacenar en el receptor una cantidad de señal excesivamente grande por unidad de tiempo, situación todavía poco viable desde el punto de vista económico.

Lo que se hace es utilizar la segunda propiedad del ojo, según la cual el postfiltrado que realiza es mucho más efectivo para los detalles finos de una imagen, es decir, a frecuencias espaciales altas, que para las áreas de poco detalle, esto es, a las frecuencias espaciales más bajas.

Para mejorar la transmisión de imágenes, se detecta y proyecta las frecuencias espaciales más bajas a un nivel de 50-60 Hz, mientras que las frecuencias espaciales altas se tratan con 25-30 Hz. La técnica se denomina **entrelazado** y, consiste en definir 2 **campos** por cuadro, diferenciando las líneas pares de las impares.

Entrelazado 2 a 1 proyecta a 50-60 Hz el primer campo (líneas impares), y posteriormente a la misma frecuencia el segundo campo (líneas pares), con lo que los cuadros se transmiten a 25-30 Hz.

Figura 1.2

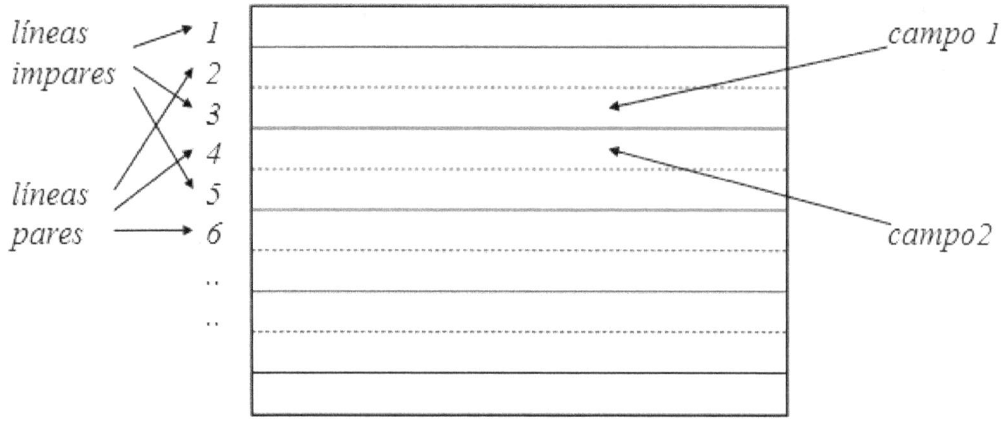

Entrelazado de Campos

Tanto en sistemas entrelazados o **"interlace"**, como no entrelazados o **"progressive"**, se utilizan 2 señales analógicas para el sincronismo de las imágenes. Una es la señal de sincronismo vertical (*vsync*), que se envía entre cada campo a 50-60 Hz, distinguiendo entre líneas pares e impares (sincronizado independiente) y la otra es la señal de sincronismo horizontal (*hsync*), que delimita el final de una línea con el principio de la siguiente (en cámaras comunes una línea dura unos 64 μs, con 54 μs de datos).

Un ejemplo típico es el sistema NTSC que utiliza secuencias de imágenes consistentes en "sets" de cuadros transmitidos 25-30 veces por segundo. Cada "frame" consta de 525 líneas, de las que 480 son visibles y de 2 campos transmitidos a 50-60 Hz, que definen el entrelazado de líneas par-impar.

1.4 Dominio de la Frecuencia

El muestreo espacial y la cuantificación de la intensidad de la imagen no es el único método de representación de información visual, a partir de una cantidad finita de datos. La imagen bidimensional (*x,y*) se puede transformar a otro dominio de representación, obteniendo una codificación en muchos casos más conveniente.

Lo más habitual es utilizar una transformación del dominio del tiempo hacia el dominio de la frecuencia, en base a las Series de Fourier.

Supuesta una imagen rectangular de dimensiones X, Y :

$$0 \le x \le X$$
$$0 \le y \le Y$$

Para un punto de coordenadas (*x,y*) se define la función compleja exponencial :

$$\Phi_{mn}(x,y) = \frac{e^{-2\pi j\left(\frac{nx}{X}+\frac{my}{Y}\right)}}{(XY)^{1/2}}$$

La relación entre esta función y la función intensidad de brillo *B(x,y)* viene dada por la serie de Fourier :

$$B(x,y) = \sum_{m=-\infty}^{\infty} \sum_{n=-\infty}^{\infty} c_{mn} \Phi_{mn}(x,y)$$

siendo,

$$c_{mn} = \int_0^X \int_0^Y B(x,y)\Phi'_{mn}(x,y)\,dy\,dx$$, con ϕ' complejo conjugado de la función ϕ.

Si se asume que la imagen a tratar ha sido muestreada espacialmente, definiendo una matriz rectangular de (N_y x N_x) pixels y que se quiere pasar al dominio de la frecuencia, se obtendrá la **Transformada Discreta de Fourier (DFT)**.

Para ello, la imagen previamente muestreada se subdivide en secciones pequeñas relativamente, denominadas bloques. Considerando bloques de tamaño (*1xN*), esto es, *1* píxel vertical por *N* pixels horizontales, definidos como vectores *{b_i | i=1,2,..,N}* , los coeficientes de orden *N* de la DFT se escriben como :

$$c_m = \left(\frac{1}{N}\right)^{1/2} \sum b_i e^{\frac{-2\pi}{Nj}(i-1)(m-1)}$$, con $m=1,.....,N$

Si los bloques de pixels b_i y los coeficientes DFT c_m se organizan en matrices columna **b** y **c**, respectivamente, la DFT se puede rescribir como :

$$c = Tb$$

donde **T** es la matriz cuadrada de la transformación de elementos t_{mi} (fila *m*, columna *i*) ,

$$t_{mi} = \left(\frac{1}{N}\right)^{1/2} e^{\frac{-2\pi}{Nj}(i-1)(m-1)}$$

Y puesto que la transformada **T** es ortonormal se cumple que la conjugada transpuesta **T'** es igual a la matriz inversa **T^{-1}**. Por tanto :

$$b = T'c$$

Denotando **t_m** como el vector columna m de la matriz **T'**, se tiene :

$$b = \sum_{m=1}^{N} c_m t_m$$

Los vectores t_m se conocen como **vectores base ortonormales** de la transformada unitaria T.

Se observa que cada bloque b es una combinación lineal de los vectores base, cada de ellos con sus pesos correspondientes, dados por los coeficientes de transformación.

Lo que suele hacerse es cuantificar los coeficientes de la DFT limitando su precisión decimal, con lo que la razón de bits representativos de la imagen (bit-rate) se hace también finita.

1.5 Cuantificación

La mejor forma de generar un bit-rate finito, representativo de cierta información visual, es utilizar *cuantificación en amplitud*. Esto es, representar un valor numérico dado, cuyo rango sea un continuo de números, a través de una aproximación definida por un conjunto finito de valores.

Se puede elegir entre cuantificar valores de pixels o bien utilizar coeficientes de Fourier cuantificados, para la especificación de una imagen. En cualquier caso, se obtiene como resultado una cierta cantidad fija de valores o niveles numéricos, en contraposición al continuo de valores posibles de la imagen original.

Figura 1.3 Proceso de Cuantificación de Señales

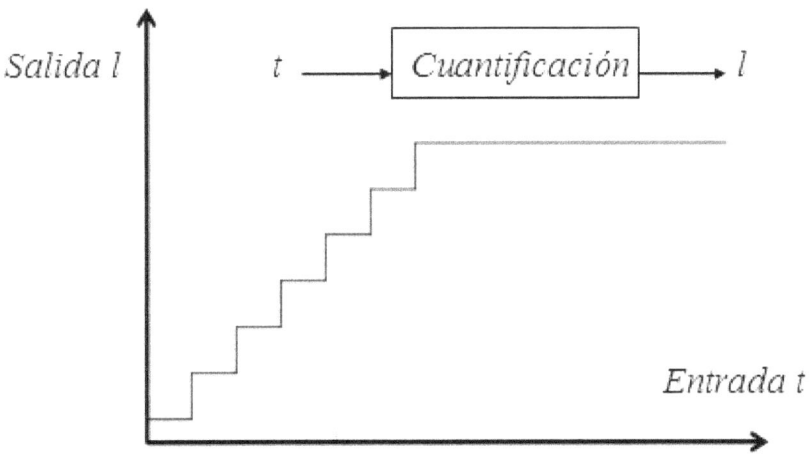

A cada valor posible o nivel de cuantificación de salida se le asigna un código binario de longitud fija. Este código puede ser variable con el tiempo. Por ejemplo, no conviene cuantificar y codificar todos los coeficientes de Fourier de una imagen del mismo modo, siguiendo la misma regla.

En resumen, tras haber construido un código, el procedimiento para producir un bit-rate constante consiste en cuantificar los valores muestreados de la imagen, en el dominio del tiempo TD ("T_Domain") o en el de la frecuencia o de Fourier WD ("W_domain"), y representar cada nivel cuantificado por su código asociado. Como las muestras se generan a un ritmo finito y el código es de longitud también finita, la representación resultante define un bit-rate finito (PCM).

Evidentemente, el resultado de la cuantificación se traduce en cierta pérdida de información, debido a que los valores codificados se especifican siempre con menor precisión que en la imagen original.

Reemplazar los pixels originales por sus aproximaciones cuantificadas produce errores en la reconstrucción de la imagen, que en un sistema PCM perfectamente diseñado aparecerá al observador como ruido aleatorio o *nieve*. En la mayoría de las aplicaciones este ruido se hace prácticamente invisible utilizando una cuantificación con códigos de 8 bits, es decir, cuantificación con 256 niveles representativos (2^8).

La visibilidad del ruido debido a la cuantificación depende, en gran medida, del nivel de ruido de la imagen original antes de la aplicación de ésta. En casi todas las aplicaciones, se definen los bits de cuantificación pensando en asegurar que el ruido de cuantificación sea pequeño, comparado con el ruido procedente del muestreo original.

1.6 Fundamentos del Color

El ojo humano percibe las radiaciones electromagnéticas cuya longitud de onda está comprendida entre *400 y 700 nanometros* (luz visible o *luz blanca*, banda_visible).

La luz blanca no es una radiación electromagnética de longitud de onda única, sino que se compone de múltiples radiaciones continuas que constituyen , por descomposición, los colores espectrales.

El ojo experimenta diferentes sensaciones en la percepción de los distintos componentes elementales de la luz blanca. Es lo que se denomina *matiz* de un color. La serie de colores espectrales más puros está constituido por 6 elementos que abarcan *50 nm* cada uno, empezando en el violeta y terminando en el rojo, por orden creciente de longitud de onda.

Se definen como colores primarios , rojo (R), verde (G) y azul (b), aquellos necesarios en una mezcla aditiva para producir cualquier otro color , o bien luz blanca.

Colores espectrales son aquellos que están dentro del espectro visible; pero también existen colores no espectrales, que definen lo que se conoce como **gama de púrpuras**. Esta se obtiene en la mezcla aditiva del rojo y el azul, definiendo colores que no forman parte de la luz solar y, a los que por tanto, no se puede atribuir una longitud de onda característica.

Para poder identificar un color y, de este modo reproducirlo, es necesario analizarlo y medir el valor de sus componentes. Para ello se utilizan los colorímetros.

Sobre una pantalla angular se proyectan, por un lado la luz del color que se trata de analizar (C_l) y por otro, luces de color rojo, verde y azul, perfectamente superpuestos, de forma que se vean simultáneamente los dos colores, el analizado y el sintetizado.

Regulando las intensidades relativas de las 3 luces de síntesis, se puede lograr que el ojo no aprecie diferencia alguna entre ambos colores.

Entonces, sobre los elementos de regulación de la intensidad de los 3 colores primarios (diafragmas M), se lee el valor de los componentes primarios del color a crear, obteniendo una expresión matemática. Por ejemplo, $C_l = 1\ R + 3.5\ G + 0.5\ B$

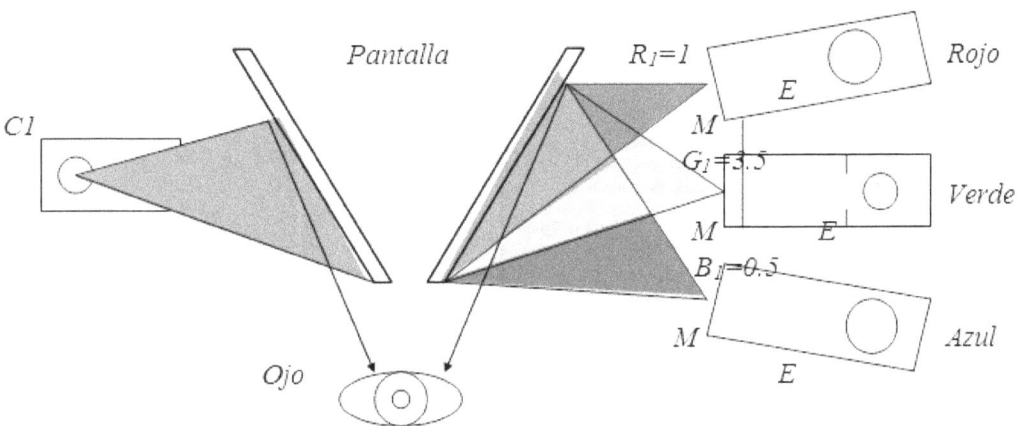

Figura 1.4 Identificación de Colores mediante Colorímetro

Para que los valores de un colorímetro sean interpretados siempre del mismo modo, es necesario normalizar los 3 colores primarios, a partir de un *color de referencia* que determine la unidad de medida.

El color de referencia es el ***blanco de energía continua (W)***, radiación independiente de la longitud de onda y, los colores primarios el rojo de *700 nm*, el verde de *546 nm* y el azul de *436 nm* . Este color se obtiene a partir de un cuerpo negro radiando energía a una temperatura de *6447 grados Kelvin*.

Partiendo de estos colores, el colorímetro se ajusta poniendo los diafragmas M en 1, y variando los diafragmas E hasta obtener el mismo blanco y la misma iluminación en ambas caras de la pantalla. Así, se obtendrá $\quad W = 1\,R + 1\,G + 1\,B$

Como cada color está definido por 3 valores primarios, utilizando un sistema de coordenadas tridimensional, se pueden representar todas las magnitudes de color posibles. Cada punto del espacio, referido a estas 3 coordenadas es un color distinto.

Se pueden representar también los colores, en lugar de por puntos , mediante vectores fijos en el origen del sistema de referencia.

Si se consideran 2 vectores con la misma dirección, pero de diferentes tamaños, se observa que representan el mismo color, ya que contienen las mismas proporciones de colores primarios, pero su intensidad luminosa es distinta (*luminosidad*).

El vector blanco coincide con la diagonal de cualquier triedro formado con coordenadas de color iguales. Según va decreciendo el tamaño del vector, así lo hará la intensidad de la luz blanca y, por tanto, los vectores correspondientes irán definiendo la escala de grises, hasta que al hacerse cero el vector blanco, se anula la luz obteniéndose, en este caso, el color negro (origen del sistema).

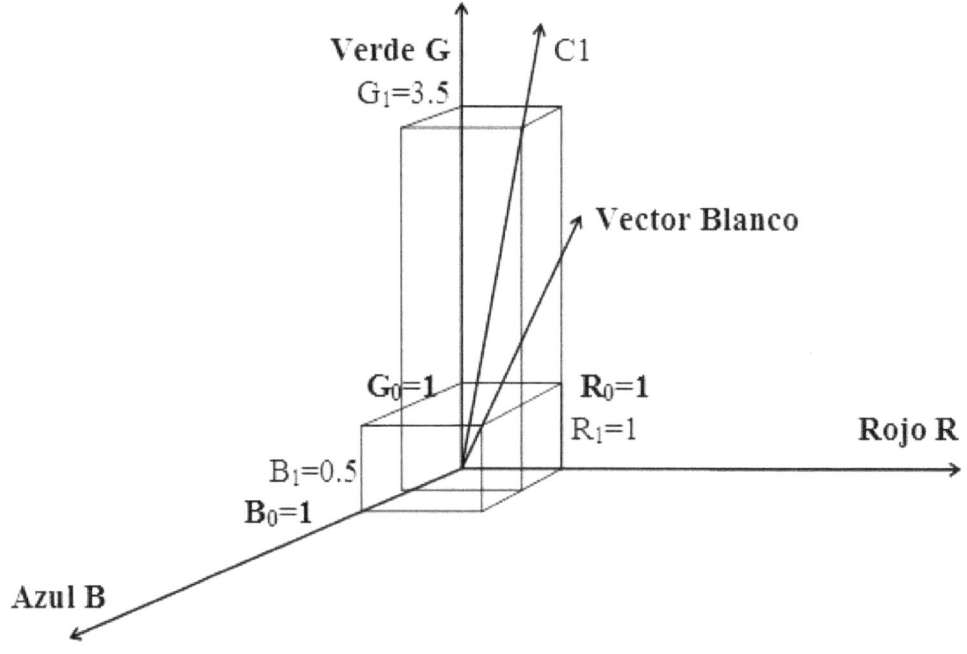

Figura 1.5 Representación Vectorial de la descomposición de colores

La representación gráfica de colores por medio de vectores resulta muy complicada, por lo que normalmente se realiza una representación en forma de tablero de colores o **gráfico de cromaticidad**.

Para el ojo, la visión se compone de 2 sensaciones : la sensación de brillo o *intensidad luminosa* y la sensación de *color*, ambas independientes entre sí; los colores de una diapositiva no varían si ésta se proyecta con una lámpara de 50 w o con otra de 200 w.

Si nos limitamos a representar el matiz del color y, gracias a la normalización de las magnitudes de color, se pueden definir las coordenadas de matiz siguientes :

$$r = \frac{R}{R+G+B} \qquad , \qquad g = \frac{G}{R+G+B} \qquad , \qquad b = \frac{B}{R+G+B}$$

Como la suma de estas 3 coordenadas siempre vale 1, una de ellas puede ser deducida a partir de las otras 2, por lo que cualquier matiz de color se puede representar en un sistema de 2 dimensiones.

Si se intenta definir con el colorímetro todos los colores espectrales de la luz solar, se encuentra que existen ciertas gamas de estos colores que no pueden ser reproducidos (principalmente en la gama de verde-azul).

En estos casos, para poder analizar el color de muestra, es necesario sustraerle cierta cantidad de color primario (*R, G o B*), lo cual se interpreta como que dicho color contiene magnitudes negativas de color rojo, verde o azul (a lo que se llega también de forma matemática).

La causa de esto es que los colores espectrales en realidad son muy puros, es decir, no tienen mezcla de otros colores o, lo que es lo mismo, se puede decir que están **saturados de su matiz al 100%** .

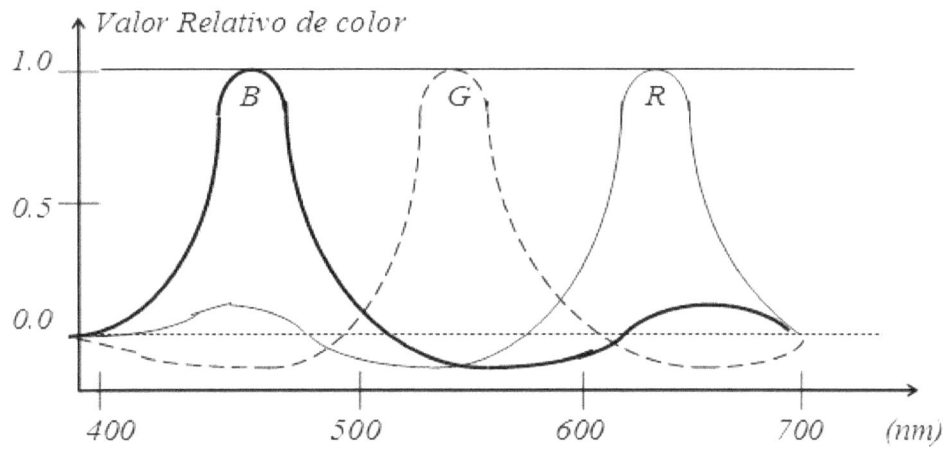

Figura 1.6 Matices de Color función de Longitud de Onda

Estas magnitudes negativas presentan graves inconvenientes en su aplicación práctica, por lo que se adoptan otros radiadores primarios distintos, que sin ser colores puros, no generan este problema.

Las 3 coordenadas de color se definen ahora como :

$$x = \frac{X}{X+Y+Z} \quad , \quad y = \frac{Y}{X+Y+Z} \quad , \quad z = \frac{Z}{X+Y+Z} \quad \text{con} \quad x+y+z=1$$

Aquí el blanco de energía continua equivale también a cantidades iguales de los 3 colores, pero en este sistema la magnitud Y se elige de tal manera, que represente por sí sóla el brillo o luminancia del color que constituyen las 3 juntas.

Las magnitudes X, Y, y Z guardan una relación directa con las R, G, B, pero siempre tienen valores positivos.

Si mediante un sistema de dos coordenadas se determinan los puntos que definen todos y cada uno de los colores espectrales de la luz solar y, luego, se unen todos ellos mediante una línea resulta una figura en forma de herradura denominada *gráfico de cromaticidad*, cuya parte inferior está cerrada por la *línea de púrpuras o colores no espectrales*. **Figura 1.7**

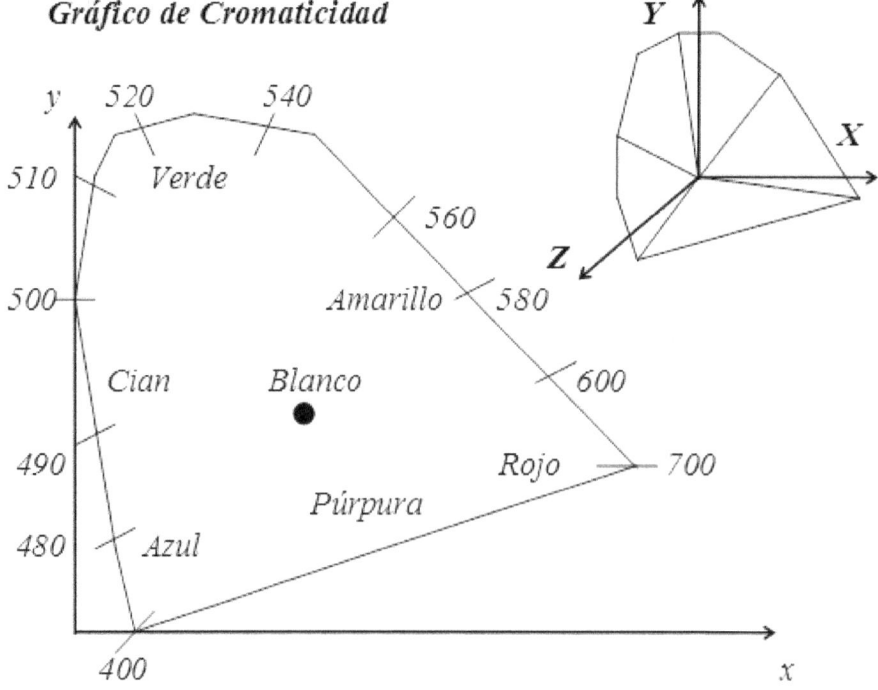

En el interior de este contorno se encuentran contenidos los puntos representativos de todos los colores reales. Las luces no coloreadas (acromáticas) desde el negro al blanco, pasando por toda la gama de grises, están representadas por las coordenadas del punto blanco (*x=0.33, y=0.33*) .

Mediante el gráfico de cromaticidad se determina el resultado de la mezcla aditiva de 2 colores, sabiendo que el color mezcla se encuentra en la línea de unión de los puntos representativos de los 2 colores originales.

La situación del color mezcla en la línea respecto de los colores originarios, da la proporción de intensidades de mezcla de éstos. De este modo, mediante el gráfico se determina el grado de pureza o saturación de un cierto color y de la longitud de onda predominante. Todos los colores del contorno del gráfico están saturados al 100%, mientras que los más internos definen un nivel de saturación inferior.

Si la línea de unión de 2 colores no primarios pasa por el punto blanco, a éstos se les denomina *complementarios*, ya que mezclados con una proporción de intensidades adecuada, producen luz blanca.

Las sensaciones que experimenta el ojo al recibir luz coloreada son tres : una es la que produce la intensidad luminosa ,*brillo o luminancia*, otra la que produce la clase de color, *matiz o tono*, y una tercera sobre la pureza del color, *saturación*.

Es por ello que una imagen se puede sintetizar y descomponer en una parte acromática (impresiones de brillo o claroscuros) y otra parte cromática (impresiones de color, con el mismo brillo).

Así, lo mismo que se identifica un color mediante las cantidades de colores primarios que lo componen, también puede identificarse determinando las magnitudes de las cualidades específicas de luminancia, matiz y saturación que lo definen.

En el gráfico de cromaticidad todos los colores del plano tienen la misma luminancia. El que una luz sea más o menos intensa no quiere decir que varíe su longitud de onda, ni tampoco la proporción de blanco que contiene.

Para la transmisión de una señal de color es indiferente hacerlo utilizando el *sistema RGB* (componentes de los 3 colores primarios) o el *sistema YIQ* (componentes de luminancia y crominancia = matiz + saturación). Sólo cuando es necesario compatibilizar las señales de color con las de blanco y negro (en televisión), será obligatorio separar el brillo del color (*YIQ*) y, posteriormente, en la recepción, por solapamiento o por eliminación de la crominancia, obtener señal en color o en *BN*.

El ojo es un receptor selectivo cuya sensibilidad disminuye de manera continua hacia los límites de visibilidad del espectro luminoso. Las radiaciones ultravioletas e infrarrojas ya no son percibidas por el ojo. Los colores comprendidos entre estas bandas, para una misma intensidad luminosa, son percibidos por el ojo con una sensación más o menos acusada.

Figura 1.8   Curva Universal de Sensibilidad Luminosa.

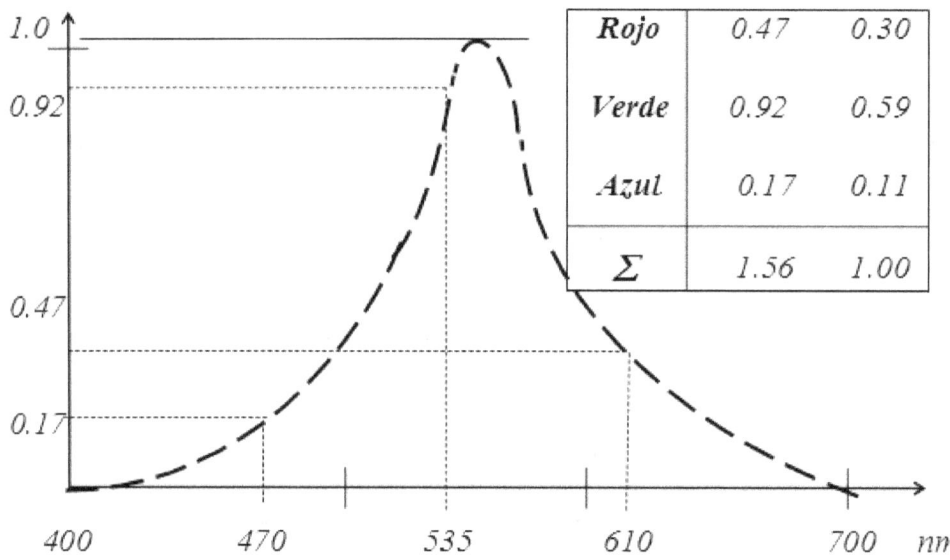

Rojo	*0.47*	*0.30*
Verde	*0.92*	*0.59*
Azul	*0.17*	*0.11*
Σ	*1.56*	*1.00*

Esta curva significa que si se tienen 3 luces (azul, verde y roja) de la misma intensidad luminosa (por ejemplo, 3 lámparas luminosas de 100 w cada una), la intensidad con la que ve el ojo cada una de estas luces, respecto de la que vería con una luz verde-amarillenta (*545 nm*), es del 17% para la luz azul, del 92% para la luz verde y del 47% para la luz roja.

Si estos valores se normalizan, se tiene como sensaciones relativas, un 30% para el rojo, 59% para el verde y 11% para el azul.

El ojo adaptado a la claridad del día tiene la máxima sensibilidad en la región del verde, factor fundamental a la hora de definir las señales de composición del color (luminancia + crominancia).

1.7 Fundamentos de la Transmisión del Color

El punto de partida de cualquier sistema de transmisión de imágenes es la descomposición de la luz que llega a la cámara en los 3 planos primarios *RGB*.

Todos los sistemas existentes habituales (*NTSC, PAL, SECAM*) cumplen los principios de **compatibilidad y retrocompatibilidad**, que permiten visualizar imágenes en sistemas de *BN* procedentes de transmisiones en color, e imágenes de *BN* en sistemas de color, respectivamente.

Es por ello que los planos de información primaria se transforman en 2 señales independientes de luminancia y crominancia, a partir de las que se puede compatibilizar todos los sistemas entre sí : en *BN* sólo se reproduce la señal de luminancia.

La señal de luminancia normalizada se expresa matemáticamente como :

$$Y = 0.299\,R + 0.587\,G + 0.114\,B$$

El dispositivo electrónico encargado de generar esta señal en sus proporciones adecuadas se denomina **matriz**.

Para que la luminancia reproducida por un tubo de imagen (CRT) o pantalla LCD sea directamente proporcional a la captada por la cámara, hay que realizar una **corrección en γ**: la luminancia de la pantalla de imagen no es directamente proporcional a la tensión ánodo-cátodo, sino que sigue una exponencial de índice 2 (valor típico); para compensar este crecimiento exponencial, en la emisora se dispone de un amplificador corrector, cuya salida sigue una exponencial de índice 1/2. No todos los tubos de cámara tienen el mismo valor de γ. Así, en general se dice que,

$$Y' = Y\gamma$$

En la práctica el sistema de codificación de video utilizado comúnmente es el *YIQ*, aparte de por razones de compatibilidad, porque utiliza las propiedades del ojo humano sobre priorización de la información visual, lo que se traduce en ahorro de potencia y ancho de banda de transmisión.

El ojo es más sensitivo a Y (luminancia), después a I y, por último a Q. En *NTSC* se definen anchos de banda de transmisión de 4, 1.5 y 0.6 MHz para Y, I y Q, respectivamente.

En principio, los planos *RGB* recogidos por escaneo de la imagen y posterior filtrado no se pueden utilizar directamente, puesto que para producir ciertos colores se requieren valores negativos de R, G o B, lo cual no es implementable en los displays reales.

Por otro lado, puede resultar difícil fabricar filtros ópticos para trabajar con los planos *XYZ*. Lo que se hace es utilizar filtros ópticos para definición de los planos *RGB* y, posteriormente, se realiza una transformación lineal usando las señales ponderadas bajo unos coeficientes de peso, que evitan la necesidad de cualquier implementación negativa. Además y, tras la correspondiente corrección en γ, se obtiene :

$$\begin{cases} R\gamma = 1.088\,R \\ G\gamma = 0.987\,G \\ B\gamma = 0.837\,B \end{cases}$$

Se realiza un cambio de ejes de referencia definiendo la *Luminancia* y 2 formas de onda para la *Crominancia*. El primer paso para ello, es cambiar el origen de los ejes de color colocándolo sobre el punto blanco en el gráfico de crominancia y, después, calcular las señales de crominancia diferencia de colores azul y rojo :

$$\begin{cases} Ut = (\,B\gamma - Y\,)\,/\,2.03 \\ Vt = (\,R\gamma - Y\,)\,/\,1.14 \end{cases}$$

donde se han utilizado factores de atenuación para reducir sus amplitudes, con el objeto de evitar la sobremodulación de la portadora de imagen en el proceso posterior de **modulación de cuadratura**. Estos factores deberán ser tenidos en cuenta en el receptor, por lo que estas mismas señales allí deberán ser realzadas en el mismo grado, para ecualizar los niveles de transmisión con los que se está trabajando.

El siguiente paso es realizar una rotación de los ejes diferencia de color de 33°, manteniendo la posición entre ellos, escogida para minimizar el ancho de banda de la señal Q.

El resultado es la obtención de los ejes I y Q, en función de los anteriores :

$$\begin{cases} I = Vt\,\cos 33\,°- Ut\,\sin 33\,° \\ Q = Vt\,\sin 33\,°+ Ut\,\cos 33\,° \end{cases}$$

En notación matricial la transformación completa de un sistema (RGB) a otro (*YIQ*) será :

$$\begin{vmatrix} Y \\ I \\ Q \end{vmatrix} = \begin{vmatrix} 0.299 & 0.587 & 0.144 \\ 0.596 & -0.275 & -0.321 \\ 0.212 & -0.523 & 0.311 \end{vmatrix} \begin{vmatrix} R_\gamma \\ G_\gamma \\ B_\gamma \end{vmatrix}$$

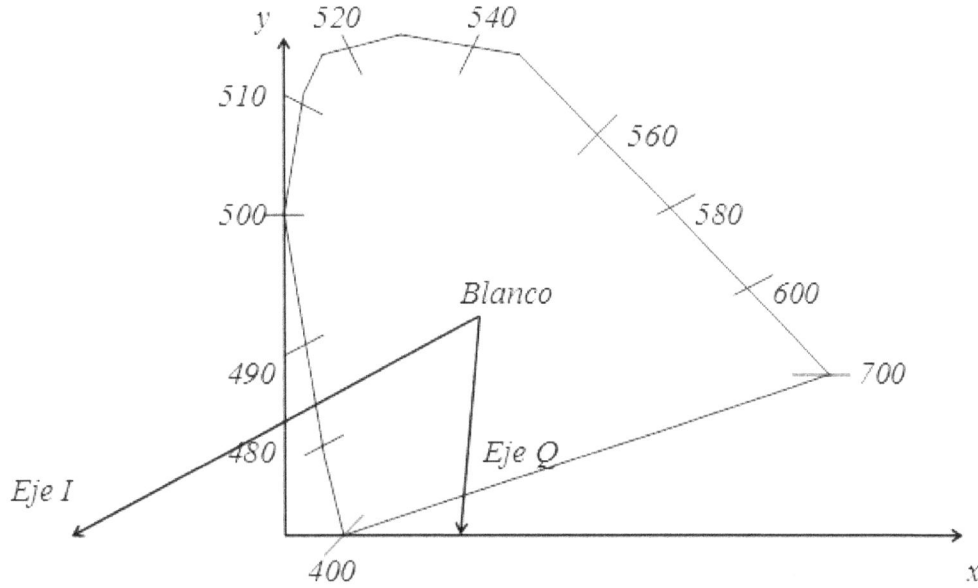

Figura 1.9 Transformación gráfica de RGB a YIQ

En coordenadas polares se obtiene que el ángulo $Tan^{-1}(Q/I)$ representa aproximadamente el matiz del color, y la distancia radial $(Q^2 + Y^2)^{1/2}$ es la saturación.

Se suele utilizar un tercer sistema denominado **YUV (YCrCb)**, que también prioriza la información visual y que procede de la simplificación del sistema *YIQ*.

Las señales U (Cr) y V (Cb) son crominancia diferencia de color rojo y azul, es decir, coinciden con los ejes Ut y Vt definidos anteriormente. Como estos ejes no están optimizados, el resultado es que los anchos de banda de este sistema no están minimizados.

La señal de luminancia tiene una anchura de banda de 5 Mhz, totalmente compatible con los sistemas antiguos de *BN*.

La señal de crominancia **Uc** está constituida por una subportadora modulada en cuadratura con las señales diferencia de color Cr y Cb. La modulación en cuadratura consiste en que las dos señales Cr y Cb modulan respectivamente a dos subportadoras de la misma frecuencia, pero desfasadas 90° entre sí.

Se demuestra que, si sólo varía la saturación del color, con lo que las magnitudes de Cr y Cb cambian en la misma proporción, la amplitud de la señal modulada en cuadratura cambia , pero se mantiene igual la fase relativa sobre las componentes a modular, con lo que en definitiva la modulación es en amplitud.

Por el contrario, si sólo varía el matiz del color, esto es, el tamaño de las señales *Cr* y *Cb* cambia de forma diferente, la amplitud y frecuencia de la resultante se mantienen constantes, pero se modifica el valor de la fase relativa respecto de las componentes moduladas, con lo que se produce una modulación de fase.

En conclusión, la modulación en cuadratura consiste en una modulación conjunta de fase y de amplitud, cada una de las cuales se refiere a una componente del color, matiz o saturación.

Para la transmisión de la señal de luminancia se utiliza toda la banda de frecuencias disponible, a saber, de 0 a 5 MHz , mientras que para la señal de crominancia y, por las propiedades del ojo, sólo es necesario un ancho de banda de 1.2 MHz.

Además, como el espectro de frecuencias de un sistema secuencial de líneas, no es un espectro continuo, sino que está ocupado parcialmente, se pueden transmitir intercaladas, en las zonas de menos energía, las dos señales *Y* y *Uc* .

La energía de transmisión de las moduladoras se acumula en paquetes alrededor de los armónicos de la frecuencia de líneas (una línea se repite cada 64 μs), quedando muy poca energía entre medias. Estos paquetes corresponden a cada uno de los armónicos de la frecuencia de líneas rodeados de las bandas laterales correspondientes a la exploración de cuadros o "frames" (50 o 60 Hz). Por lo tanto, entre cada paquete de energía existe una diferencia de frecuencias de 15625 Hz y entre cada banda lateral del armónico considerado, una diferencia de frecuencia de 50 o 60 Hz. La energía de los paquetes va decreciendo a medida que aumenta el número de armónico, por lo que en la parte alta de la banda tienen muy poca importancia.

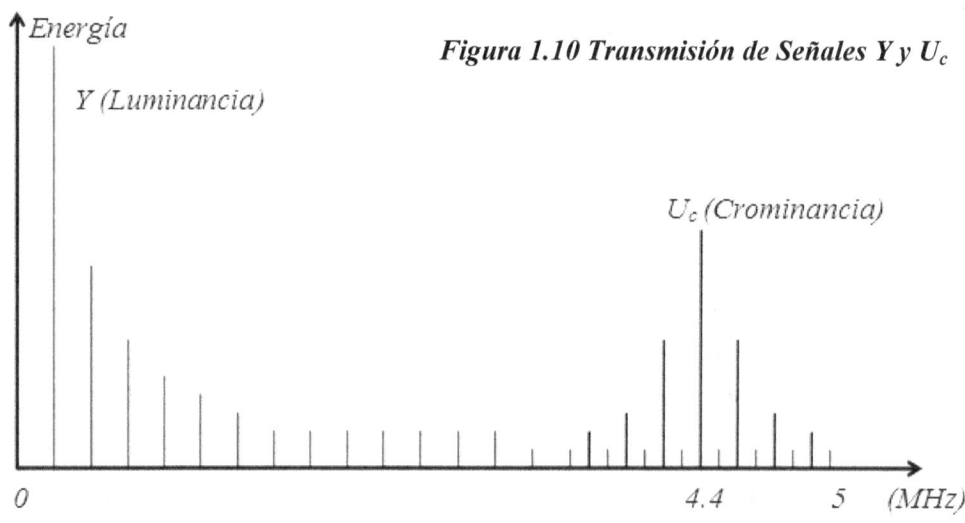

Figura 1.10 Transmisión de Señales Y y U_c

La frecuencia de subportadora para modulación de la señal de crominancia se define en el punto *(5 - 0.6) = 4.4 Mhz*, donde se transmite la mayor parte de la energía de la señal. Como la información del color esta contenida realmente en las bandas laterales, se suprime normalmente la subportadora (transmisión en *DBL* o en *BLU*).

Los 3 sistemas de transmisión de color para televisión típicos, *NTSC*, *PAL* y *SECAM*, sólo se diferencian en la forma de modular la subportadora de color, puesto que por compatibilidad con el *BN*, la modulación de la luminancia es siempre la misma. El sistema americano *NTSC* es el originario, mientras que los otros dos son variantes del primero.

En el sistema *NTSC* se transmiten permanentemente ambas señales diferencia de color moduladas en cuadratura con supresión de portadora. Dos portadoras de misma frecuencia pero desfasadas 90 ° entre sí, modulan en amplitud cada una de las señales diferencia de color. Posteriormente las dos señales moduladas se suman. La fase relativa de la señal resultante, respecto de la fase de una señal de impulsos de sincronismo de color o **"burst"**, determina el matiz del color transmitido, mientras que su amplitud determina la saturación.

El sistema *PAL* difiere del *NTSC* en que la fase de la portadora para modulación de la señal diferencia de color rojo se invierte línea a línea (±90°). De este modo, la portadora suma también modifica en cada línea su fase relativa. En el *"burst"* se incluye una señal de sincronismo de la conmutación, para demodular correctamente. Igual que en *NTSC*, el matiz y saturación se determinan por la fase relativa y la amplitud, respectivamente, de la portadora suma.

La inversión línea a línea del *PAL* supone compensar de forma automática los posibles errores de fase, que han de evitarse por la fuerte dependencia que hay entre el matiz del color y la amplitud relativa de la portadora.

El sistema *SECAM* es un procedimiento secuencial en el que se transmite, en líneas sucesivas, cada una de ambas señales diferencia de color. Por ello, no es necesario una doble modulación de la portadora, modulando habitualmente en frecuencia, con lo que se puede reducir al máximo la amplitud de portadora. Un conmutador electrónico se encarga de aplicar al modulador de *FM* la señal diferencia del rojo en el transcurso de una línea, y la señal diferencia azul durante la siguiente línea.

La información de color de una línea determinada se retrasa en el receptor el tiempo necesario para que ésta pueda ser combinada con la información de color de la siguiente línea y, así, generar la información de color completa.

Por último, se definen otros dos sistemas de transmisión de señal de televisión de actualidad: **HDTV y EDTV**. El primero constituye la televisión de alta definición, donde la resolución vertical y horizontal es al menos el doble de la de los formatos estándar; esto supone que el ancho de banda y el flujo de transmisión de bits/segundo sea por lo menos 4 veces el convencional. Se asume su uso para distancias de observación de como mínimo 3 veces la altura de la imagen (en TV estándar la relación es de 6 a 8 veces). EDTV es TV de definición extendida, donde por compatibilidad se mantiene el número de líneas/cuadro, pero se aumenta la resolución horizontal; el modo de mejorar la resolución vertical es utilizar sistema no entrelazado y proyectar cada cuadro dos veces seguidas.

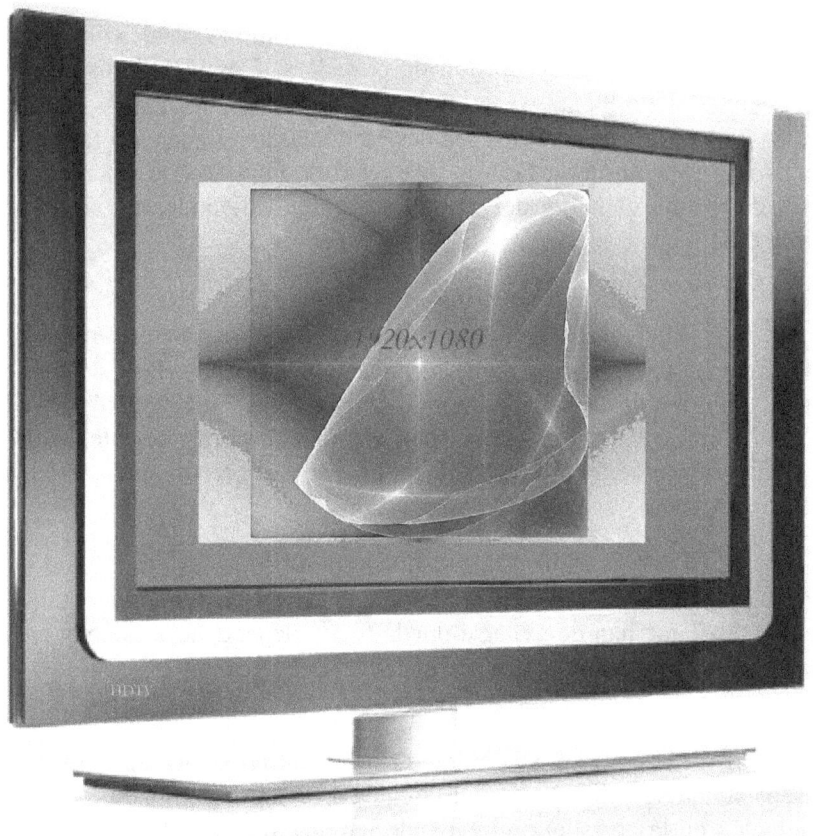

Figura 1.11 Formato HDTV

2   REDUNDANCIA ESTADISTICA

Los datos producidos por las técnicas convencionales de representación de información visual contienen una considerable cantidad de *información superflua*.

Existen dos clases de este tipo de información :

- La *redundancia estadística,* relacionada con la predictibilidad y correlación de datos, que tiene la propiedad de que puede ser suprimida sin alterar en modo alguno la información total; esto significa que los datos originales se pueden recuperar por completo sin ningún tipo de pérdida.

- Por otro lado, se encuentra la *redundancia subjetiva*, que hace referencia a aquellos datos que se pueden suprimir sin que el observador lo note sustancialmente; el procedimiento es irreversible, lo que significa que los datos originales no pueden ser reconstituidos, ya que se caracteriza por una pérdida inherente de datos.

La redundancia estadística es el principio de lo que se conoce como *compresión sin pérdida*, donde los datos se reconstruyen con exactitud, alcanzando un nivel de reducción máximo de 3:1. Los métodos de compresión sin pérdida más habituales son la *Codificación Huffman, Codificación Aritmética, método LZW, JPEG sin pérdida, RLE, BBS, LLE,..*

La redundancia subjetiva define los métodos de *compresión con pérdida*, donde se alcanzan notables niveles de reducción. Algunos procedimientos de este estilo son *JPEG, norma H.261, H.263, MPEG, Cuantificación Vectorial, Fractales.*

La notación estadística a seguir a partir de aquí es la siguiente :

El valor de un píxel es una variable aleatoria ; en ocasiones habrá que distinguir entre una variable aleatoria y su conjunto de valores posibles. La primera se va a denotar con la letra B y, cada uno de sus posibles valores con la letra b o bien $b(i)$, para hacer referencia al valor i, y $\{b\}$ para asignar el conjunto de todos los posibles valores de b. La distribución de probabilidad de B, vendrá dada por $\{P(b)\}$.

También se hará referencia a distribuciones de probabilidad de dos o más variables aleatorias. Se denotan los valores de varios pixels adyacentes, con el vector de bloque de tamaño N, $b'=(b_1,b_2,..,b_N)$. El correspondiente vector aleatorio es $B'= (B_1,B_2,..,B_N)$ y su distribución de probabilidad será $\{P(b')\} = \{P(b_1,b_2,..,b_N)\}$.

Se asumirá estadística estacionaria, es decir, la estadística de los pixels es siempre la misma en cualquier parte de la imagen y, además, no cambia con el tiempo, lo cual se ajusta normalmente con la realidad.

2.1 Codificación de Longitud Variable o Codificación Entrópica

Supuesta una imagen monocromática escaneada, que en el muestreo produce *MN* pixels y cuantificada con una precisión de K-bits (8-bits, por ejemplo ,con valores entre 0 y 255). *PCM* genera *MNK* bits en total.

Supuesto además, como es lo habitual, que los valores de luminancia cuantificados no son todos igualmente probables. En este caso, es posible una reducción en el número de bits necesarios para especificar la imagen. Si, en lugar de asignar palabras de longitud constante *K* para cada uno de los 2^K niveles de luminancia posibles, se consigue asignando palabras de longitud variable.

El modo de hacerlo es relacionar palabras de longitud corta a aquellos niveles de luminancia que tengan la probabilidad más alta, mientras que las palabras de longitud más larga se asignan a aquellos otros niveles con menor probabilidad de aparición.

A este procedimiento se le denomina *codificación de longitud variable (VLC) o codificación entrópica.*

Considerando que un nivel de luminancia cuantificado cualquiera *b* tiene la probabilidad de ocurrencia *P(b)* y que se le asigna una palabra de longitud *L(b),* en bits, se tendrá como media de longitud de palabra para la imagen considerada :

$$\overline{L} = \sum_b L(b)P(b) \quad \text{bits/píxel}$$

Interesa definir códigos para los que la media de bits/pixel sea lo más pequeña posible. Sin embargo, la longitud de palabra *L(b)* no se puede hacer pequeña de modo arbitrario, puesto que esto daría lugar a una inadecuada decodificación en la recepción de los datos .

De hecho, la Teoría de la Información establece un límite mínimo para la media $\overline{L}$, denominado *entropía* de la variable aleatoria *B* o valor del píxel, dado por :

$$H(B) = -\sum_b P(b)\log_2 P(b) \quad \text{bits/píxel}$$

La entropía nunca es negativa, puesto que $P(b)$ se define en el rango $[0,1]$. Siempre se tendrá :

$$H(B) \leq \overline{L}$$

La entropía $H(B)$ es una medida de la cantidad de información que lleva la variable aleatoria B. Los casos extremos son, por un lado, cuando el valor de B es altamente predecible , $P(b)=1$ para $b=b_0$, situación en la que la entropía es cero ;y cuando todos los valores de B son igualmente probables, es decir, $P(b)=2^{-K}$,con lo que la entropía es máxima con $H(B)=K$ bits/píxel.

2.1.1   Codificación Huffman

Cuando la luminancia cuantificada se codifica con palabras de longitud variable, y el resultado de las palabras codificadas se concatena, creando un flujo lineal de bits para almacenamiento o transmisión, la decodificación correcta exige que todas las combinaciones de concatenación de palabras codificadas sean descifrables de forma única.

La condición necesaria y suficiente para ello es que el código satisfaga la ***regla del prefijo***, que establece que ninguna palabra codificada puede ser el prefijo de otra palabra codificada distinta.

La codificación Huffman es un *VLC* que minimiza la media de bits/píxel, satisfaciendo la regla del prefijo y que se caracteriza por una media de longitud de palabra, tal que :

$$H(B) \leq \overline{L_1} \leq H(B) + 1 \quad \text{bits/píxel} \quad , \quad \text{con} \quad \overline{L_1} \geq 1 \quad \text{bits/píxel}$$

El código Huffman se construye creando un árbol binario, en cuyos ramas libres se colocan los valores de los pixels a codificar. El camino por el árbol, desde el tronco, hasta el valor-píxel en las ramas indica su codificación.

Supuesto que el valor de los píxel de una imagen muestreada se representa por un conjunto de caracteres. La codificación consistiría en ir añadiendo bits a los caracteres que tienen menos frecuencia de ocurrencia, hasta que no quede ningún carácter sin codificar.

Para ello, se ordenan los valores en orden creciente de frecuencia. Después, se toman los dos primeros y se suman sus frecuencias obteniéndose una nueva; a estos caracteres se les añaden los bits 0 y 1, creando el primer nodo binario del árbol, que tendrá como frecuencia la obtenida en la suma. Se reordena la lista por frecuencia y se vuelven a tomar los dos primeros caracteres o nodos, repitiendo el proceso hasta que se alcance el número total de caracteres o, lo que es lo mismo, hasta que sólo quede un nodo.

Se presenta un ejemplo de codificación Huffman, paso a paso, con el árbol binario correspondiente obtenido como resultado final :

	Carácter	Frecuencia
	D	1
	B	5
Paso 1	H	7
	I	9
	A	10
	G	15
	Σ	47

	Carácter	Frecuencia	Cadena
	D	6	0
	B	6	1
Paso 2	H	7	
	I	9	
	A	10	
	G	15	

	Carácter	Frecuencia	Cadena
	I	9	
	A	10	
Paso 3	D	13	00
	B	13	01
	H	13	1
	G	15	

	Carácter	Frecuencia	Cadena
	D	13	00
	B	13	01
Paso 4	H	13	1
	G	15	
	I	19	0
	A	19	1

	Carácter	Frecuencia	Cadena
	D	28	000
	B	28	001
Paso 5	H	28	01
	G	28	1
	I	19	0
	A	19	1

	Carácter	Frecuencia	Cadena
	D	47	0000
	B	47	0001
Paso 6	H	47	001
	G	47	01
	I	47	10
	A	47	11

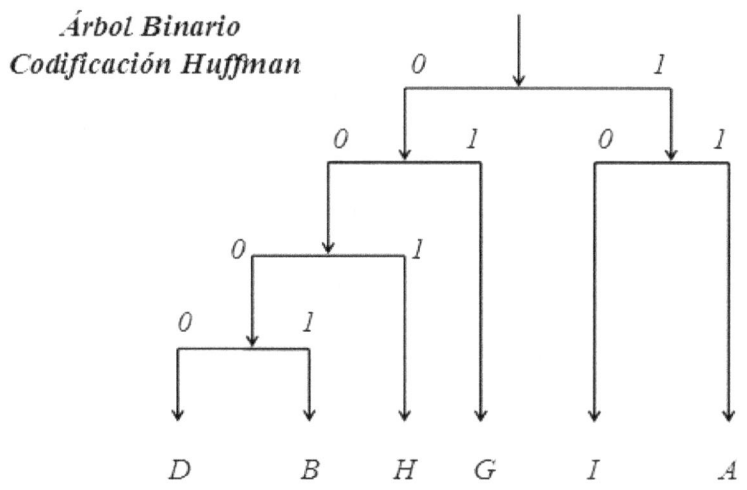

Árbol Binario Codificación Huffman

Figura 2.1 Ejemplo de Codificación Huffman

2.1.2 Codificación Aritmética

Codificación *VLC* que no sigue la regla del prefijo. Es un procedimiento menos utilizado que el anterior, en la medida en que es más complejo y está patentado. Sin embargo, su uso se suele hacer mediante implementación integrada y no por programa, generando resultados para compresión de imágenes, un 5-10% mejores que con la codificación Huffman.

Supuesto un alfabeto compuesto por 2 letras (A,B), con ocurrencias $P(A)=2/3$ y $P(B)=1/3$.

Se construye un mapa con todos los posibles mensajes de longitud 1 en el rango $(0,1)$; para codificar el mensaje elegir la menor cantidad de bits de una fracción binaria que esté dentro del intervalo a estudiar, es decir,

	A		B
Intervalo	0	↑ 2/3 ↑	1
Fracción Binaria	1/2		3/4
Codificación	1		11

Construir un mapa con todas los posibles mensajes de longitud 2 en el intervalo $(0,1)$:

	A		B	
	AA	AB	BA	BB
Intervalo	0 ↑	4/9 ↑	6/9 ↑	8/9 ↑ 1
Fracción Binaria	1/4	2/4	3/4	15/16
Codificación	01	10	11	1111

Seguir construyendo un mapa con todas los posibles mensajes de longitud 3 en el intervalo $(0,1)$:

Intervalo - Fracción - Codificación

			0		
		AAA	1/4	01	
	AA		8/27		
A		AAB	3/8	011	
			12/27		
		ABA	4/8	100	
	AB		16/27		
		ABB	10/16	1010	
			18/27		
	BA	BAA	6/8	110	
			22/27		
B		BAB	14/16	1110	
			24/27		
		BBA	15/16	1111	
	BB	BBB	26/27 31/32	11111	

2.2   Sistema de Codificación por Bloques

Si los pixels se codifican y transmiten en bloques de *N* muestras, en lugar de uno a uno, se pueden conseguir reducciones importantes del bit-rate (bits/píxel).

Denotando un bloque de pixels por el vector $b' = (b_1, b_2, .., b_N)$, donde cada uno de los componentes ha sido previamente cuantificado con una precisión de *K-bits*, se obtiene para el vector b' un total de 2^{NK} posibles valores o niveles.

Ahora, se habla de vector aleatorio B', cuyos posibles valores son *{b'}* y con distribución de probabilidad *{P(b')}* . La entropía de orden *N* se define como :

$$H\left(B'\right) = -\sum_{b} P\left(b'\right) \log_2 P\left(b'\right)$$ bits/bloque(*N*)

La *entropía de bloque o de orden N , H(B')* , representa una medida de la cantidad de información que lleva el vector aleatorio B'.

Si los pixels del bloque fueran completamente independientes entre sí, B' contendría exactamente N veces la información de B. Sin embargo y, como ocurre en realidad, si los pixels del bloque son altamente dependientes entre sí, es decir, si sus valores son siempre similares, ocurre que conociendo algunos pixels, se puede determinar el resto; de este modo, la información que lleva B' es mucho menor a la del caso anterior y, entonces :

$$\frac{H(B')}{N} \leq H(B) \quad \text{bits/píxel}$$

Cuanto mayor sea la dependencia estadística entre pixels en B', menor será la entropía de bloque $H(B')$. Sin embargo, el tamaño de ésta se encuentra restringido por la condición : $\qquad H(B') \geq H(B)$

Por otro lado, si los píxel son estadísticamente independientes :

$$P(b') = P(b_1)\, P(b_2) \,..\, P(b_N)$$

Entonces, se puede construir el código de Huffman para el conjunto $\{b'\}$, de acuerdo a la distribución de probabilidad $\{P(b')\}$, obteniéndose codificación para 2^{NK} palabras. La media de longitud de palabra del código Huffman $\overline{L}_N$, en bits/bloque(N), cumple que :

$$\frac{H(B')}{N} \leq \frac{\overline{L}_N}{N} \leq \frac{H(B')+1}{N} \leq H(B) + \frac{1}{N} \quad \text{bits/píxel}$$

con , $\overline{L}_N \geq 1$ bit/bloque(N)

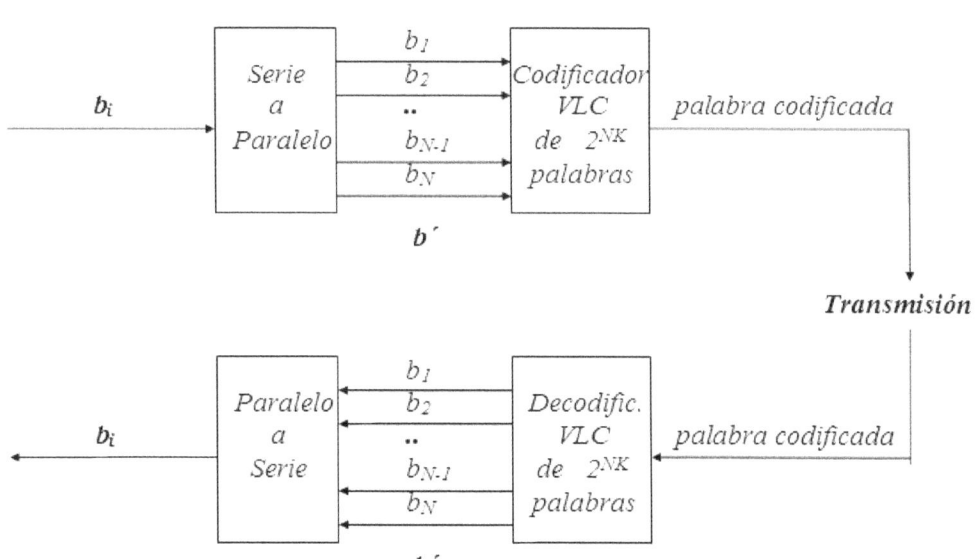

Figura 2.2 Sistema Codificador por Bloques

2.3 Codificación Condicional

El problema que presenta la utilización de la codificación por bloques es la gran cantidad de códigos que genera ; hace falta una tabla con 2^{NK} palabras para codificar los bloques de pixels de longitud N, cuantificados a *K-bits* cada uno. Esta dificultad se resuelve parcialmente con la ***codificación condicional*** y sus variantes, la cual produce unos bit-rates más bajos que la codificación anterior.

Supuesto que los componentes $b_1, b_2, ..., b_{N-1}$ de un bloque b' han sido ya transmitidos y son conocidos en el receptor. Asumiendo que existe dependencia estadística entre pixels, la componente b_N se puede codificar con lo ya indicado. Conocido un conjunto particular de pixels $(b_1, b_2, ..., b_{N-1})$, se puede definir un Código Huffman para b_N basado en la probabilidad condicional :

$$\{P(b_N \mid b_1, b_2, .., b_{N-1})\}$$

El Código obtenido tendrá 2^K palabras y, la media de la longitud de palabra en bits/píxel será igual o , como mucho, un bit más a la entropía siguiente :

$$H\left(B_N \middle| b_1, b_2, .., b_{N-1}\right) = -\sum_{b_N} P\left(b_N \middle| b_1, b_2, .., b_{N-1}\right) \log_2 P\left(b_N \middle| b_1, b_2, .., b_{N-1}\right)$$

Si se construye un Código para cada uno de los posibles bloques de tamaño $(N-1)$, entonces se obtiene $2^{K(N-1)}$ Códigos, cada uno de los cuales está compuesto de 2^K palabras, con lo que en total se obtiene la misma cantidad de palabras-código que en la codificación por bloques, 2^{NK} valores. El bit-rate de la codificación condicional total L_c será igual o, como mucho, superior en un bit a la **entropía condicional** dada por :

$$H\left(B_N \middle| B_1, B_2, .., B_{N-1}\right) = \sum_{b_1, ..b_{N-1}} P(b_1, b_2, ..b_{N-1}) H\left(B_N \middle| b_1, b_2, ..b_{N-1}\right) = -\sum_{b'} P(b') \log_2 P\left(b_N \middle| b_1, b_2, ..b_{N-1}\right) \text{bits/pixel}$$

La longitud total media de la codificación condicional cumple que :

$$H(B_N \mid B_1, B_2, .., B_{N-1}) \leq \overline{L}_c \leq H(B_N \mid B_1, B_2, .., B_{N-1}) + 1 \quad \text{bits/píxel}$$

con , $\overline{L}_c \geq 1$ bits/píxel

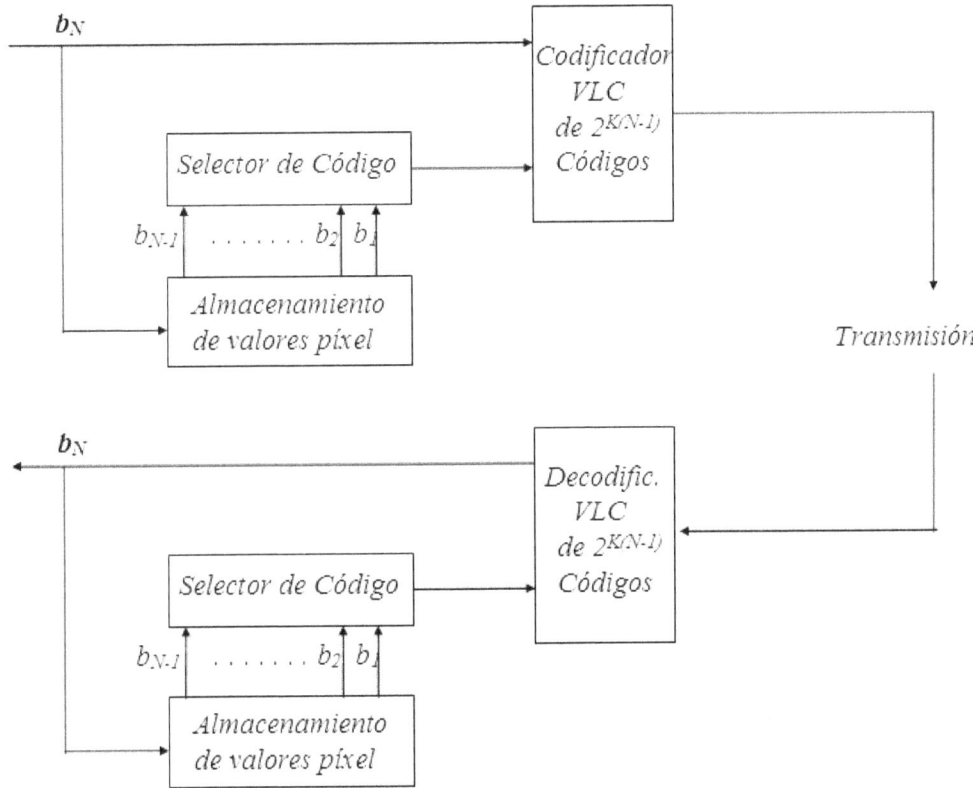

Figura 2.3 Codificación condicional : *cada píxel se codifica de forma diferente dependiendo del valor de los (N-1) pixels anteriores. El sistema requiere de $2^{K(N-1)}$ Códigos en VLC. Cada Código contiene 2^K palabras. Además, los (N-1) pixels previos al que se calcula, deben estar almacenados tanto en el codificador , como en el decodificador.*

En conclusión, se va a tener que la entropía condicional es inferior a la entropía por bloque y píxel, demostrable con lo que sigue.

Se tiene :

$$H(B') = H(B_1,B_2,..,B_N) = H(B_N \mid B_1,B_2,..,B_{N-1}) + H(B_1,B_2,..,B_{N-1}) \text{ bits/bloque}(N)$$

Al mismo tiempo, es :

$$H(B_1,B_2,..,B_{N-1}) = H(B_{N-1} \mid B_1,B_2,..,B_{N-2}) + H(B_1,B_2,..,B_{N-2})$$

y, así sucesivamente, con lo que en definitiva, será :

$$H(B') = H(B_N \mid B_1,B_2,..,B_{N-1}) + H(B_{N-1} \mid B_1,B_2,..,B_{N-2}) + \ldots + H(B_1)$$

donde la entropía total del vector aleatorio B' es la suma de las entropías condicionales de todos los N componentes (desde el segundo, al de orden N), más la entropía del primer elemento, que no está condicionada por ningún componente, ya que antes que él no hay ninguno más.

Ahora bien, la entropía condicional de orden N es menor que la entropía condicional de orden (N-1), ya que en ella se dispone de más información. De modo sucesivo, se llega a que la entropía de los componentes con mayor valor es la de B_1. En definitiva, se concluye que,

$$\frac{H(B')}{N} \geq H\left(B_N \mid B_1, B_2, .., B_{N-1}\right) \text{ bits/píxel}$$

Una extensión de la codificación condicional es la **codificación por bloques condicional**, donde varios pixels se codifican todos al mismo tiempo en bloque, pero también utilizando la información previa transmitida por el bloque anterior, como en la codificación condicional.

Por ejemplo, supuestas 3 muestras (b_{N-2}, b_{N-1}, b_N) que se van a codificar a partir de las muestras transmitidas previamente ($b_1, b_2, .., b_{N-3}$). Por cada posible bloque de tamaño (N-3) y, para el bloque considerado de 3 muestras, se construye un Código Huffman, basado en la siguiente probabilidad condicional :

$$\{P(b_{N-2}, b_{N-1}, b_N \mid b_1, b_2, .., b_{N-3})\}$$

Cada Código contendrá 2^{3K} palabras, existiendo $2^{K(N-3)}$ Códigos, con un total de 2^{NK} palabras codificadas. Teniendo en cuenta lo ya obtenido , se consigue :

$$H\left(B_{N-2}, B_{N-1}, B_N \mid B_1, B_2, .., B_{N-3}\right) = \sum_{b_1, .. b_{N-3}} P(b_1, b_2, .., b_{N-3}) H\left(B_{N-2}, B_{N-1}, B_N \mid b_1, b_2, .., b_{N-3}\right) =$$

$$= -\sum_{b'} P(b') \log_2 P\left(b_{N-2}, b_{N-1}, b_N \mid b_1, b_2, .., b_{N-1}\right) \text{ bits/3pixels}$$

La longitud total media de la codificación por bloque (3) condicional cumple que ,

$$\frac{1}{3} \leq \frac{\overline{L}_{cb}}{3} \leq \frac{H\left(B_{N-2}, B_{N-1}, B_N \mid B_1, B_2, .., B_{N-3}\right)}{3} + \frac{1}{3} \text{ bits/píxel}$$

2.4 Codificación Condicional por Espacio de Estados

El mayor impedimento en la utilización de la codificación condicional es el número de conjuntos de Códigos *VLC* que hay que generar $(2^{K(N-1)})$ y que deben estar permanentemente disponibles durante la codificación y decodificación.

Un modo de reducir el número de Códigos es utilizar el concepto de ***espacio de estado***, de la *Teoría de los Procesos Aleatorios de Markov*. Con esta aproximación el conjunto de posibles bloques de tamaño *(N-1)*, $\{ b_1, b_2, .., b_{N-1}\}$, se divide en *J* subconjuntos o estados $\{s_j, j=1,..,J\}$, de modo que la probabilidad condicional $\{ P(b_N \mid b_1, b_2, .., b_{N-1}) \}$ sea prácticamente invariante para *(N-1)* posibilidades dentro de cada subconjunto.

Así, se construyen *J* Códigos *VLC* basados en la probabilidad condicional sobre *J*, $\{ P(b_N \mid s_j) \}$. Cada uno de estos *J* Códigos contiene 2^K palabras, definiendo un total de $J2^K$ palabras codificadas, que mediante el particionado adecuado, resulta un valor inferior que los 2^{NK} palabras de la codificación condicional o por bloques.

Figura 2.4 Sistema Codificador Condicional por Espacio de Estados

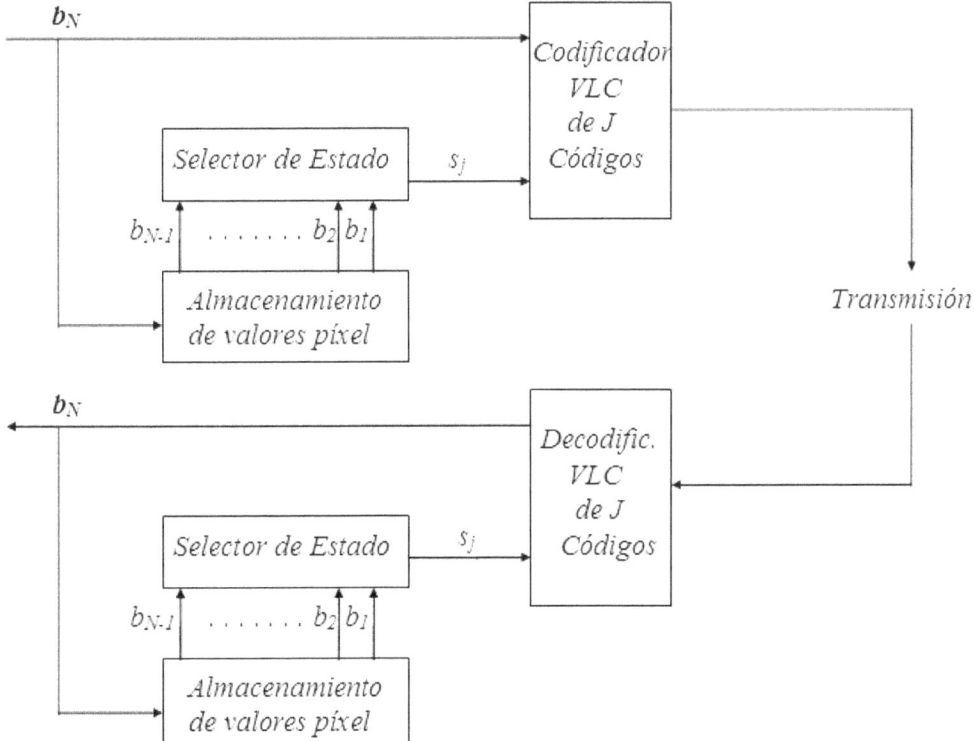

El bit-rate de la codificación por estado $\overline{L}_j$ será igual o, como mucho, superior en un bit a la **entropía de estado** , dada por :

$$H\left(B_N|s_j\right)=-\sum_{b_N}P\left(b_N|s_j\right)\log_2 P\left(b_N|s_j\right) \qquad \text{bits/píxel}$$

Obteniéndose un bit-rate total como mucho superior en un bit a la **entropía de codificación de estados** siguiente :

$$H\left(B_N|S\right)=\sum_j P\left(s_j\right)H\left(B_N|s_j\right)=-\sum_b P(b)\log_2 P\left(b_N|s_j\right) \text{ bits/píxel}$$

Este tipo de codificación interesa cuando los diferentes $H(B_N|s_j)$ son pequeños, lo cual supone un ahorro de datos frente a la codificación por bloques y la condicional. Es importante su uso con gráficos, combinada con la técnica de **reordenación**, donde en lugar de codificar y transmitir los pixels en orden, según van apareciendo, se reordenan en subconjuntos por estados, codificando y transmitiendo cada vez un bloque de estados, con todos los pixels que lo componen y que se caracterizan por una probabilidad condicional similar.

2.5 Codificación Universal

Los algoritmos de **Codificación Universal** son métodos de compresión de datos para aquellos casos en que son desconocidas las probabilidades de ocurrencia en el codificador. Suelen ser técnicas poco adaptables a los datos de información visual, ya que tienen normalmente poca capacidad para tratar la correlación entre pixels de líneas contiguas, campos o cuadros.

El más conocido método de Codificación Universal es el **algoritmo de Lempel-Ziv-Welch (LZW)**. Utiliza una tabla de cadenas con capacidad para contener del orden de 2^J cadenas. La tabla se inicializa con el conjunto de 2^K posibles valores de pixels (siendo la cuantificación de los mismos de K-bits); si se está trabajando simplemente con un diccionario de palabras (caracteres y cadenas), la inicialización se hace con los códigos ASCII (K=8, 256 entradas). Normalmente, se debe trabajar con una capacidad de memoria que permita que $K << J$, dependiendo de la cantidad de redundancia de los datos utilizados.

La codificación empieza definiendo la cadena base S, como el primer píxel de la imagen.

1- Si no hay más píxel (EOF), definir el código *J*-bit para *S* y salir; sino,

2- Obtener el siguiente píxel *P*, añadirlo a *S*, creando la cadena *SP*. Si *SP* está en la tabla, asignar *SP* a *S* y repetir 1. Si no,

3- Definir el código *J*-bit para *S*. Añadir *SP* a la tabla, en una columna donde no se codifican las cadenas. Asignar *P* a *S* y continuar con 1.

2.6 Codificación Predictiva

Este tipo de codificación está muy relacionada con la codificación condicional, sólo que en lugar de codificar y transmitir b_N, se hace lo mismo pero con $(b_N - \beta_N)$. Donde β_N es la predicción de b_N, función de los pixels transmitidos previamente $b_1, b_2, ...,$ b_{N-1}. $(b_N - \beta_N)$ es la señal diferencial que se transmite, por lo que a la codificación predictiva se le conoce normalmente como **PCM Diferencial o DPCM**. En el receptor se reconstruye de nuevo el valor de predicción β_N y, por adición sobre la señal diferencial, se obtiene b_N.

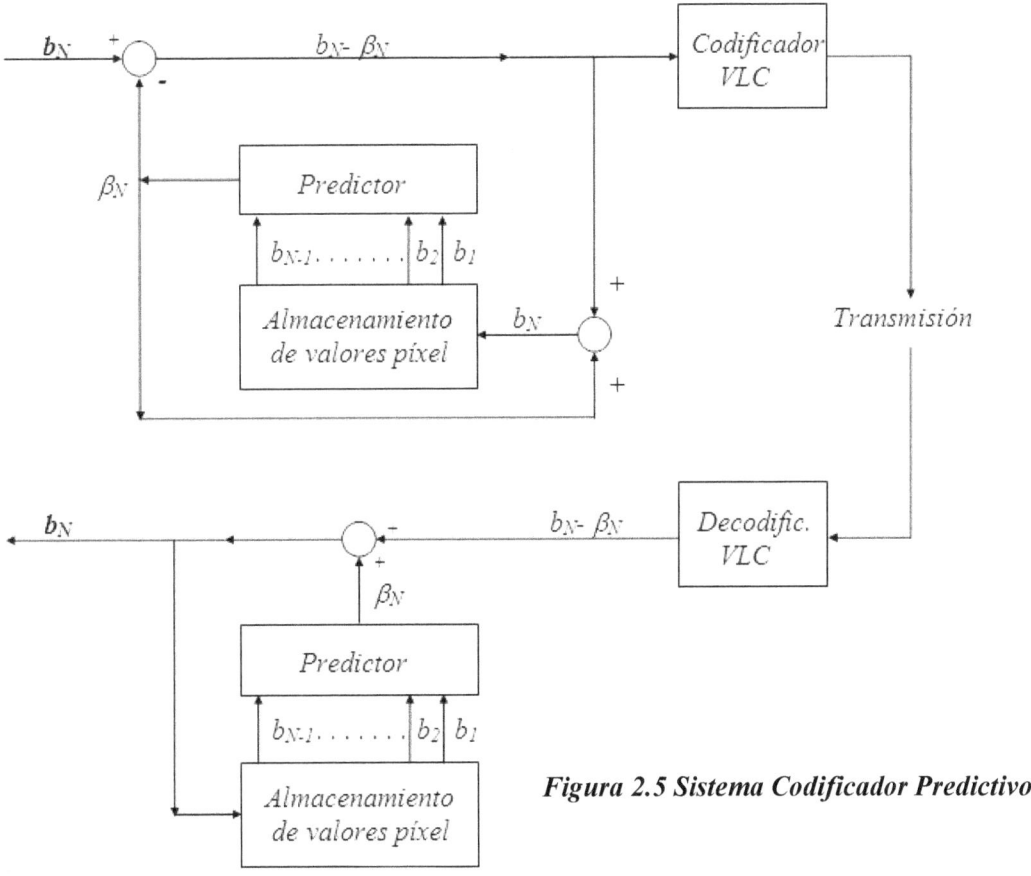

Figura 2.5 Sistema Codificador Predictivo

33

En teoría, no se pierde, ni se gana nada en la codificación condicional o en las otras, utilizando señales diferenciales, en lugar de los valores de los pixels directamente. Por ejemplo, las entropías condicionales no cambian :

$$H(B_N\text{-}B_{\beta N} \mid B_1,B_2,..,B_{N-1}) = H(B_N \mid B_1,B_2,..,B_{N-1}) \quad bits/píxel$$

donde $B_{\beta N}$ es el vector predecible correspondiente a B_N .

Sin embargo, una ventaja de la codificación predictiva condicional sobre la condicional simple es que la distribución de probabilidad condicional de la señal diferencial $\{P(b_N\text{-}\beta_N \mid b_1,b_2,..,b_{N-1})\}$, muestra mucha menos variación con $\{b_1,b_2,..,b_{N-1}\}$ que la misma distribución de probabilidad de b_N.

Además, con la codificación predictiva de espacio de estados, el número de estados se puede reducir significativamente, comparado con la codificación condicional por espacio de estados. En una gran cantidad de aplicaciones, sólo es necesario un único estado, por lo que únicamente se precisa un Código *VLC*.

Otra ventaja de la codificación predictiva es que habitualmente, las señales diferenciales sucesivas poseen mucha menos dependencia estadística, es decir, contienen menos redundancia que los pixels contiguos.

$$\frac{H\left(B_1 - B_{\beta 1}, B_2 - B_{\beta 2},..,B_N - B_{\beta N}\right)}{N} \approx H\left(B - B_\beta\right) \quad \text{bits/píxel}$$

En realidad, para que un codificador predictivo sea óptimo, ha de tener las salidas estadísticamente independientes, condición necesaria, pero no suficiente para obtener una reducción adecuada en el bit-rate.

La codificación predictiva por espacio de estados con reordenación ofrece un rendimiento elevado, como para poder utilizarse con gráficos.

El objetivo fundamental de toda codificación predictiva es producir una señal diferencial cuyo valor medio sea pequeño, pero a la vez grande en ciertas ocasiones, generando un valor de pico elevado en la distribución de probabilidad y, en definitiva, una entropía pequeña.

Además, cuanto mejor sea el predictor, más pequeña será la entropía y, por tanto, se podrá obtener un bit-rate más bajo para la codificación.

Por ejemplo, un ***predictor de máxima probabilidad*** escoge β_N , para que sea el valor de b_N que maximice la probabilidad $P(b_N \mid b_1, b_2, .., b_{N-1})$.

Por otro lado, un ***predictor de valor condicional*** escoge,

$$\beta_N = \sum_{b_N} b_N P\left(b_N \middle| b_1, b_2, ..., b_{N-1}\right)$$

con la cual se puede minimizar el ***error de predicción medio al cuadrado*** , $E(b_N - \beta_N)^2$, que representa el ***cuadrado de la media mínima*** del predictor (una medida de la efectividad de la predicción hecha), donde E es la media estadística.

2.7 Codificación por Transformada Discreta

Supuesta una transformación reversible en la que un bloque ***b´*** de N vectores, conteniendo pixels codificados en PCM se translada al dominio de la transformación, donde se descartan los coeficientes insignificantes. El resto de los coeficientes, $M = pN$ $(p<1)$, se transmite al receptor, donde se realiza la operación inversa.

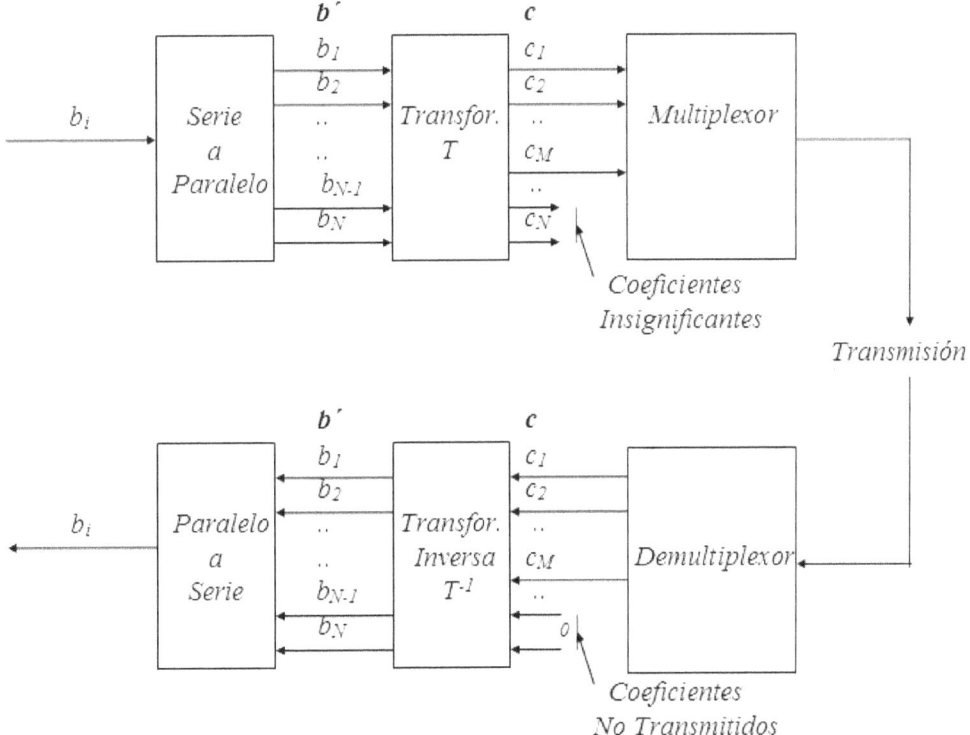

Figura 2.6 Sistema Codificador por Transformada Discreta

La transformación se define como :

$$c = T \, (b')$$

$$b = T^1 \, (c)$$

donde c es el bloque de coeficientes de la transformada (normalmente de tamaño N).

El objetivo fundamental de la codificación por transformación es crear la mayor cantidad de coeficientes de transformación, que sean lo más pequeños posible, de modo que puedan considerarse insignificantes y, no haga falta codificarlos para su transmisión.

Por otro lado, interesa minimizar la dependencia estadística, esto es, la redundancia entre coeficientes de transformación.

Si la transformación la representamos a partir de una matriz T y, b' y c son vectores columna :

$$c = Tb'$$

$$b' = T^1 c$$

entonces T se denomina **transformación lineal**. Interesa además que ,

$$T^1 = T' \quad , \quad \text{con } T' \text{ conjugada transpuesta de } T \, .$$

convirtiéndose T en una **transformada ortonormal o unitaria**.

Por ejemplo, para la Transformada Discreta de Fourier (DFT), la matriz T , transformada unitaria ,se define a partir de los elementos

$$t_{mi} = \left(\frac{1}{N}\right)^{1/2} e^{\frac{-2\pi}{Nj}(i-1)(m-1)} \qquad \text{con} \qquad i,m = 1..N$$

Denotando t_m como el vector columna m de la matriz T', se tiene :

$$t'_m \, t_n = \delta_{mn} \qquad \text{con} , \; t'_m \text{ vector columna transpuesto conjugado.}$$

Los vectores t_m son **vectores base ortonormales** de la transformada unitaria T, con los que se define la ecuación,

$$b' = \sum_{m=1}^{N} c_m t_m$$

Ocurre que la *DFT* sufre efectos indeseables, debido a discontinuidades en la extensión periódica del bloque b' de N pixels. A esto se le conoce como **Fenómeno de Gibbs** y se puede reducir utilizando una extensión par de $2N$ puntos del bloque b', es decir,

$$b'_e = [b_1, b_2,.., b_N \ b_N,.., b_2, b_1]^t$$

y , además, una *DFT* de $2N$ puntos. En lugar de la *DFT* definida hasta ahora, se usaría

$$t_{mi} = \left(\frac{1}{2N}\right)^{1/2} e^{\frac{-2\pi}{2Nj}(i-1/2)(m-1)}$$

con lo que los coeficientes de la transformada serán reales. Después de la ortonormalización se obtiene lo que se conoce como **Transformada Discreta del Coseno o DCT**. Los elementos de la matriz T vienen dados por,

$$t_{mi} = \left(\frac{2-\delta_{m1}}{N}\right)^{1/2} \cos\left[\frac{\pi}{N}(i-1/2)(m-1)\right] \qquad \text{con} , \quad i,m = 1..N$$

Otra de las transformaciones propuestas es la **Transformada de Walsh-Hadamard o WHT**, con N igual a una potencia de 2. Su matriz de transformación simétrica se describe por:

$$H_2 = \begin{vmatrix} 1 & 1 \\ 1 & -1 \end{vmatrix}$$

con lo que para N igual a una potencia de 2,

$$H_{2N} = \begin{vmatrix} H_N & H_N \\ H_N & -H_N \end{vmatrix}$$

La correspondiente matriz ortonormal de la transformada se define como,

$$T = (1/N)^{1/2} H_N = T'$$

Ejemplo de Matriz *WHT* para *N=4* :

$$\frac{1}{2}\begin{vmatrix} 1 & 1 & 1 & 1 \\ 1 & -1 & 1 & -1 \\ 1 & 1 & -1 & -1 \\ 1 & -1 & -1 & 1 \end{vmatrix}$$

Una ventaja fundamental de la *WHT* en su implementación es, que se puede construir sólo a base de sumas y restas, a diferencia de la gran mayoría de las transformadas, que requieren también multiplicaciones.

Como todas estas son transformaciones reversibles, el bloque *b´* no pierde, ni gana información, con lo que las entropías no cambian, cumpliéndose que,

$$H(b') = H(c) \quad \text{bits/bloque(N)}$$

Además, si una transformada puede eliminar la dependencia estadística, es decir, generar coeficientes de transformación *{c₁, c₂,....., cₙ}* estadísticamente independientes, se podrá decir que,

$$H(c) = \sum_{m=1}^{N} H(c_m) \quad \text{bits/bloque(N)}$$

En este caso, la codificación por bloques define coeficientes de valor relativamente pequeño, además de que la codificación y transmisión de los coeficientes de la transformada son posibles con mucha menor complejidad que en la codificación por bloques de los mismos pixels.

El problema es que ninguna transformación, en el tratamiento de la información visual, ha conseguido eliminar completamente la dependencia estadística entre coeficientes de la transformada. Sólo con la conocida como ***Transformada de Karhunen-Loeve o KLT***, transformación lineal ortonormal, se consigue eliminar la correlación estadística .

2.8 Estadística de las Señales Gráficas

Las señales gráficas[1] requieren, generalmente, una resolución espacial muy alta, pero una escala de grises con sólo dos niveles, esto es, blanco y negro. Esto se hace así para contar con bordes perfectamente definidos y afilados, mejorando la calidad del conjunto.

Son comunes las resoluciones de 4 u 8 pixels por cada mm, tanto de dimensión vertical, como horizontal. Por todo lo dicho, las propiedades de las señales gráficas y los modelos utilizados para su caracterización, difieren bastante de aquellos que se usan en las imágenes convencionales, ya sean monocromo o a color.

Habitualmente, en este campo y por su rendimiento, se trabaja con alguna de las siguientes técnicas :

- Markov de orden N.

- Codificación Run-Length o RLE.

- Bloques.

2.8.1 Markov de orden N

La salida de un escáner que genera una señal gráfica de dos niveles, se puede describir matemáticamente como una secuencia aleatoria de pixels blancos (1) y pixels negros (0), con ciertas propiedades estadísticas.

El modelo de Markov está basado en la representación del píxel **actual**, que depende estadísticamente de los pixels **anteriores**. Si el píxel actual X_0 depende estadísticamente sólo del píxel anterior en la misma línea X_1, se tiene el ***modelo de Markov de primer orden*** para una única dimensión. En este caso, la dependencia viene dada por las probabilidades condicionales $P(X_0|X_1)$,   con una entropía condicional definida por ,

$$H(X_0|X_1) = -\sum_{X_0} \sum_{X_1} P(X_0|X_1) \log_2 P(X_0|X_1) \text{ bits/píxel}$$

donde la suma se realiza sobre los 4 posibles valores de los 2 pixels contiguos.

---

[1]   Hacen referencia al Texto gráfico y a los Gráficos Vectoriales.

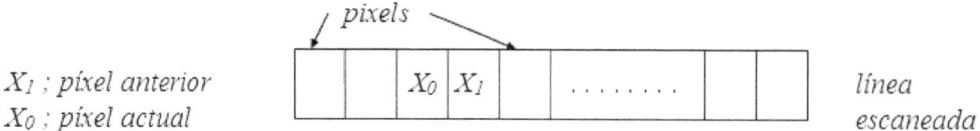

Figura 2.7 Modelo de Markov de orden 1

Comúnmente, todas las señales gráficas también poseen correlación bidimensional y, por ello, es más apropiado utilizar el ***modelo bidimensional de Markov de orden N***. En este caso el píxel actual X_0 depende de N pixels anteriores $X_1,..,X_N$. Esta dependencia se expresa a través de las probabilidades condicionales $P(X_0|X_1, X_2,..,X_N)$, produciendo una entropía condicional,

$$H\left(X_0|X_1, X_2,..., X_N\right) = -\sum_{X_0}..\sum_{X_1} P\left(X_0|X_1, X_2,..., X_N\right)\log_2 P\left(X_0|X_1, X_2,..., X_N\right)$$

En este modelo, interesa incluir la mayor cantidad de pixels posible (N), con lo que se consigue una mejor explotación de la correlación estadística.

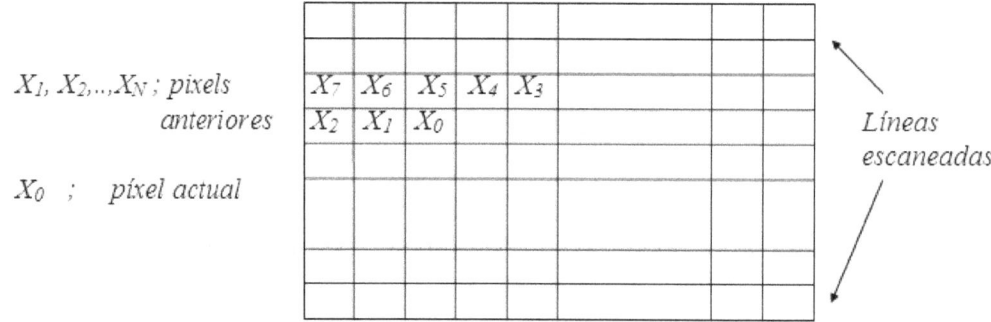

Figura 2.8 Modelo Bidimensional de Markov de orden N

2.8.2 Codificación Run-Length

Un caso particular del modelo unidimensional de Markov es el ***modelo del Run-Length o Codificación RLE***. A una secuencia de pixels con el mismo color (valor) dentro de la misma línea de escaneo, se le conoce como una ***Ristra o Run***. El método consiste en codificar, en lugar de los valores de los pixels uno a uno, los valores de las ristras que los contienen.

Son habituales dos formatos diferentes de *RLE*, que definen la compresión de imágenes sencillas (por ejemplo, tratamiento de Bitmaps de Windows, Sprites, etc), con 4 y 8 bits por píxel. Son el *RLE8* y el *RLE4*, respectivamente.

En el formato *RLE8*, la codificación utiliza dos modos diferentes : relativo y absoluto; con posibilidad de entremezclado dentro de una misma imagen.

El modo relativo consiste en 2 bytes que indican, el número consecutivo de pixels en el primer valor, y el valor a repetir en el segundo. Si el primer byte es 0, se trata de un código de escape que contiene uno de los siguientes valores en el byte contiguo :

0   Fin de línea.

1   Fin de la imagen.

2   Salto a otra zona. Los 2 bytes siguientes indican el "offset" de desplazamiento al siguiente píxel, desde la posición actual.

El modo absoluto se activa cuando el primer byte es 0 y el segundo se encuentra entre 0x03 y 0xFF . En este modo se copia íntegramente el número de pixels, indicado en el segundo byte, a partir del siguiente byte. Cada grupo de datos codificados en este modo debe ser par (o alíneación a word)[2] .

Por ejemplo, supuesto un conjunto de datos codificado en *RLE8* :

02 AA 04 02 00 04 24 38 53 88 03 21 00 00

00 02 02 03 08 67 00 01

Al decodificar, se obtiene lo siguiente :

AA AA 02 02 02 02 24 38 53 88 21 21 21 Fin de Línea

Salto 2 posiciones a la derecha y 3 abajo.

67 67 67 67 67 67 67 67

Fin de la Imagen.

---

[2]   En *RLE4* es igual, pero se trabaja con nibbles (medio bytes).

Una extensión de la *RLE* es la **Codificación de las Diferencias Línea a Línea de las Ristras o LLE**, también conocida como **RLE Diferencial**. Como su nombre indica, inicialmente se realiza la diferencia de pixels línea a línea y sobre ella se aplica la *RLE*. En este caso, se busca hacer uso de la correlación bidimensional entre pixels de dos modos diferentes : verticalmente, mediante el modo diferencial y horizontalmente, a través de la *RLE*.

Otro tipo de codificación por supresión de caracteres repetidos, es la denominada **White Block Skipping o Codificación WBS**, también conocida en el tratamiento de imágenes como **Background Block Skipping o BBS** (Salto de los Bloques de Fondo).

En este tipo de codificación el color de fondo se apunta y se aplica *RLE* sobre el resto de los componentes de la imagen. Ahora la *RLE* utilizada define ristras de pixels, localizadas a partir de su coordenada de inicio. Si en una posición determinada no se especifica nada, se asume que es porque ahí está presente el color de fondo.

Por ejemplo, dada la codificación *BBS* en decimal siguiente definida para una matriz 8x8 de pixels,

0, 25, 2, 3, 41, 3, 3, 57, 1, 1, 58, 3, 3   que decodificada significa,

Color (intensidad) de fondo 0

En la posición 25 (4ª línea, posición 1),   3, 3

En la posición 41 (5ª línea, posición 1),   3, 3, 3

En la posición 57 (8ª línea, posición 1),   1

En la posición 58 (8ª línea, posición 2),   3, 3, 3

2.8.3 Codificación por Bloques

En el modelo de bloques, una imagen se ve como un conjunto de bloques rectangulares de tamaño NxM (N pixels horizontales y M pixels verticales).

En cuanto a que cada píxel puede ser blanco o negro, el número de posibilidades diferentes por bloque es de 2^{NM}. La probabilidad de ocurrencia de cada uno de estos bloques se puede medir experimentalmente, encontrándose en todas las ocasiones que el bloque completamente blanco (asumiendo que la información del documento es negra sobre fondo blanco) ocurre más frecuentemente.

Lo normal, para todo tipo de documentos gráficos, es que el bloque completamente blanco sea el más frecuente, pero su frecuencia decae, evidentemente, con el incremento del tamaño del bloque.

En la práctica, cuando se utiliza esta técnica, se miden experimentalmente las ocurrencias de todos los posibles bloques, se determinan sus probabilidades y con estos datos se computa la entropía, como función del tamaño del bloque.

También es evidente que cuanto mayor es el tamaño del bloque, menor será la entropía. Sin embargo, este decaimiento de la entropía se hace poco significativo a partir de bloques de tamaño superior a 4 pixels/mm (4x4).

De cualquier forma, las entropías que proporciona este método son más altas que las que se obtienen con otro tipo de codificación bidimensional, en particular, con respecto de la *LLE*, mejor procedimiento para el tratamiento de señales gráficas.

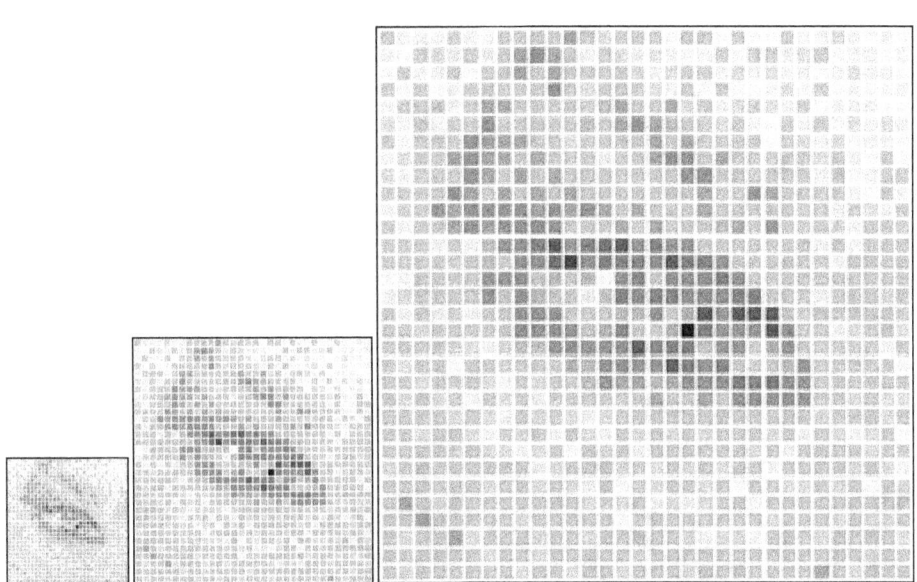

3 TÉCNICAS DE COMPRESIÓN DE DATOS BÁSICAS

En la transmisión de información visual digitalizada , la codificación se engloba normalmente dentro de alguna de las cuatro siguientes categorías :

1 - Modulación del Código por Impulsos o PCM. Conocida también como conversión analógica-digital (ADC). Representación de los pixels por discretización del tiempo y de la amplitud de la señal visual, sin eliminar demasiada redundancia.

2 - Codificación Predictiva o DPCM. Basada en la predicción del píxel a codificar, en función de los valores previos ya codificados. Al final sólo se cuantifica para su transmisión el error predictivo (señal diferencial).

3 - Codificación por Transformada. Bloques de pixels se transforman linealmente en bloque de datos, denominados coeficientes, que una vez cuantificados se transmiten si son significantes. Existen varias transformaciones, desde la más simple (**Hadamard**), a la más compleja (**KLT**), pasando por la más utilizada, por su acomodación a las características de la señal visual (**DCT**). En una transformación se pueden considerar bloques de una, dos y hasta tres dimensiones (2 espaciales y 1 temporal).

4 - Codificación por Interpolación/Extrapolación. Intentan enviar un subconjunto de los pixels de una imagen al receptor, donde por extrapolación o interpolación, se obtienen los pixels no transmitidos. Estas técnicas utilizan sistemas **"interframe"** (codificación temporal), en combinación con sistemas predictivos.

Cada una de estas clases de codificación posee a su vez una subclasificación, dependiendo de si los parámetros del codificador son **fijos** o si cambian en función de los datos a codificar (**adaptativo**).

Existen otras técnicas que no pertenecen a las cuatro clases anteriores, pero que se utilizan para ciertos tipos de imágenes :

La codificación **RLE** proporciona un rendimiento muy elevado en la transmisión de imágenes en blanco y negro, por facsímil. Son importantes las extensiones del RLE, como **LLE, BBS y Bit-Planes** (RLE multinivel o bidimensional).

En ocasiones, un sistema codificador puede ser combinación de varias técnicas. Por ejemplo, un método interesante es la **Codificación por Transformada Híbrida**.

Aquí, una transformación lineal de bloques de pixels es seguida por la codificación predictiva de los coeficientes resultantes, basándose en la transmisión previa de los bloques anteriores.

En la **codificación de contornos** la imagen se separa en dos partes diferenciadas: contorno o bordes de alto contraste, donde existen dos niveles de ocurrencia, por lo que se codifica en RLE, y el resto con sólo textura de bajas frecuencias, codificado por predicción o transformación.

Resulta también muy importante el uso de la **codificación estadística** basada en palabras de longitud variable, como **Huffman o Aritmética**.

3.1 Modulación por Código de Impulsos

Discretización del tiempo (o espacio) y de la amplitud de las señales visuales. En principio, su aplicación fue para televisión, pasando posteriormente al campo de la vídeo-digitalización .

PCM consiste en el muestreo unidimensional por escaneo de una onda y su cuantificación posterior, utilizando 2^K niveles. Normalmente, antes del muestreo, se realiza un prefiltrado de la señal con el fin de que el rango del muestreo a realizar esté comprendido en el campo de Nyquist, evitando distorsiones por "aliasing".

Cada nivel se representa por una palabra binaria de longitud K (bits). En el decodificador, estas palabras binarias se convierten en una secuencia temporal de niveles de amplitud discretos, que se hacen pasar por un filtro paso-bajo.

La técnica *PCM* se caracteriza por una simplicidad poco común a la mayoría de los codificadores, pero por otro lado, resulta ineficaz en lo que al uso de la redundancia de la señal se refiere.

Los niveles de cuantificación elegidos en la *PCM* son función normalmente de una serie de criterios psicovisuales. En imágenes de claroscuros, el principal efecto utilizado es la *Ley de Weber*. Esta establece que el umbral de visibilidad de una perturbación, en cuanto a luminancia, crece casi linealmente con el aumento de la luminancia de fondo. Esto significa que la visibilidad de una cierta cantidad de ruido cuantificado disminuye con el nivel de luminancia. Por tanto, la aspereza introducida por el cuantificador *PCM* se puede mejorar aumentando los niveles de luminancia.

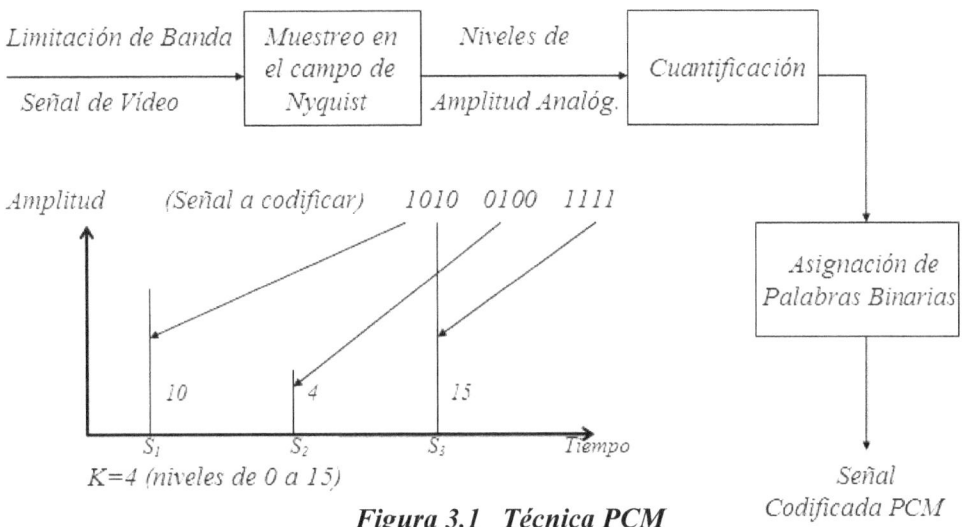

Figura 3.1 Técnica PCM

Habitualmente, con un sistema no lineal de los niveles de cuantificación se mejora la calidad de las imágenes codificadas en *PCM* y aumenta la fidelidad en los displays lineales con gamma (corrección γ) unidad.

Sin embargo, la mayoría de los sistemas de televisión utilizan cámaras y tubos de rayos catódicos con gamma distinta de la unidad, por lo que no se pueden aplicar las mejoras citadas. Normalmente, las características de un CRT no lineal hacen que la amplitud del error de cuantificación crezca con el aumento de la luminancia, viéndose compensado sólo parcialmente por los efectos de la *Ley de Weber*.

Los sistemas de codificación *PCM* para vídeo monocromo requieren del orden de 128 a 256 niveles (7 o 8 bits) por píxel para una buena calidad de imagen, bajo cualquier condición de visibilidad.

En los sistemas que usan cuadros sin movimiento, el error de cuantificación no tiene variación temporal, como en la televisión y, por tanto, se puede congelar en la pantalla. Esto reduce su visibilidad, con lo que con sólo 6 o 7 bits por píxel es suficiente.

El ruido de cuantificación, visible por la aspereza de la cuantificación, se puede reducir de varios modos. Es posible utilizar filtros antes y/o después del cuantificador, calculados en base al cuadrado del error medio, con los que se puede eliminar contornos artificiales, permitiendo utilizar 5-6 bits por píxel. Sin embargo, con tales filtros se reduce excesivamente la resolución de la reproducción.

El ojo humano es más sensible al ruido estructurado que a las distorsiones aleatorias. En imágenes de alta calidad muestreadas a alto nivel, cuando se disminuye el número de niveles de cuantificación, el error aparece como falsos contornos en las zonas de bajo detalle de las imágenes. La visibilidad de este ruido de cuantificación se puede disminuir añadiendo cierta cantidad de ruido de alta frecuencia, denominado **agitador**, sobre la señal original antes de la cuantificación. Como el ruido de alta frecuencia es menos visible, tal ruido cuantificado perderá visibilidad.

En definitiva, la **técnica de agitación** consiste en añadir ruido aleatorio a la señal original, previamente a la cuantificación y, después en el receptor, restarle el mismo ruido a la imagen cuantificada.

Normalmente, una cámara trabaja con los planos *RGB* para definir el valor de cada píxel. Sin embargo, la codificación *PCM* no puede utilizar siempre las señales *RGB*. En estos casos, se aplica una transformación y se mueve todo a otro espacio del color antes de la digitalización, por ejemplo, al sistema *YIQ*.

La digitalización puede utilizar también el criterio de usar el espacio de color que sea más apropiado psicovisualmente. Es posible, además, en lugar de cuantificar cada componente de forma independiente, aplicar cuantificación multidimensional, mediante el tratamiento simultáneo de más de un componente.

Los componentes más simples a usar en la digitalización son los R, G, B. Sin embargo, no hace falta cuantificar los tres con la misma precisión, puesto que el ruido de cuantificación no es igualmente visible en cada uno de ellos.

Experimentalmente, se obtiene que el ruido de cuantificación sobre la señal azul es 10 dB menos visible que el de la señal roja y, 20 dB inferior que el ruido en la señal verde. Entonces, si los tres componentes R, G, B, tienen asignado el mismo ancho de banda, como es habitual, aunque no necesario, se podrán utilizar menos bits de cuantificación en las señales roja y azul, con respecto de la verde.

En el caso de los sistemas *YIQ* para *NTSC* o *YUV* para *PAL*, las señales de luminancia y crominancia se pueden digitalizar directamente. En este caso, los rangos de muestreo se ajustan inicialmente a los correspondientes anchos de banda más restrictivos, que son los de las señales I y Q, y U y V.

En muchas aplicaciones, por razones económicas o porque las imágenes tienen un número limitado de colores, es necesario "mapear" (muestrear) el espacio de colores, recortándolo a un número inferior de colores representativos. A estos mapas se les denomina comúnmente **tablas de color**.

Si se estaban utilizando 8 bits por cada componente de color antes del "mapeado", entonces el espacio de color contiene hasta 2^{24} colores diferentes. Sin embargo, si sólo se va a utilizar un número pequeño de entre ellos (por ejemplo, 8 colores), será necesario un "mapeado" para bajar de 2^{24} a 8 colores. Esto se hace construyendo un histograma tridimensional para el tipo de imágenes dadas y eligiendo aquellos colores representativos que minimicen el error de representación total.

Muchas aplicaciones trabajan con múltiples tablas de color, cargando la tabla apropiada para cada imagen, en el momento en el que se va a tratar dicha imagen.

Las señales de televisión en color se transmiten mediante multiplexación en frecuencia, a partir de una forma de onda compuesta. El muestreo y cuantificación de esta señal compuesta requiere de consideraciones especiales.

Existe una considerable libertad de elección de la frecuencia de muestreo para la codificación de los componentes del color. El único condicionamiento de esta frecuencia de muestreo es que satisfaga el criterio de Nyquist (muestrear la señal como mínimo dos veces por ciclo) y, que sea un múltiplo entero del valor de repetición de escaneo de las líneas.

Sin embargo, para evitar intermodulación de las frecuencias de muestreo y frecuencias de la subportadora del color, que ocurre en el proceso de conversión A/D, el muestreo debería realizarse a una frecuencia múltiplo de la de subportadora (f_c). Otras razones para esta elección son, la facilidad de conversión de la señal compuesta al dominio de los componentes y viceversa, simplificando el proceso completo.

Comúnmente se utilizan siempre como frecuencias de muestreo *3f$_c$* o *4f$_c$*. *3f$_c$* es el múltiplo de la frecuencia de subportadora más bajo que está por encima del rango permitido por Nyquist. El muestreo a *4f$_c$* genera más muestras que a *3f$_c$*, pero tiene la ventaja de simplificar el proceso en las etapas de filtrado y codificación.

Utilizando cuantificación uniforme a 8 bits/píxel y corrección gamma, las distorsiones por cuantificación no son visibles, si el conversor A/D es ideal. Sin embargo, con un sistema ADC no ideal, particularmente debido al circuito S-H[1] de muestreo-retención, se introduce un ruido de cuantificación considerable sobre la señal.

---

[1] "Sample-Hold" o Muestro-Retención.

Además, hay que añadir el incremento dinámico de la señal compuesta, comparado con las señales componentes, lo que lleva a que la codificación *PCM* del proceso compuesto requiera del orden de 9 bits/píxel.

3.2   Codificación Predictiva

Esta técnica de codificación trabaja como *PCM*, pero explotando la fuerte correlación que existe entre pixels contiguos, ya sea espacial o temporalmente.

El codificador predictivo cuenta con tres componentes básicos : predictor, cuantificador y codificador (de longitud fija o variable). Dependiendo del número de niveles L que se utilicen en el cuantificador, la codificación predictiva se considera **Modulación Delta o DM** (con $L=2$), o **PCM Diferencial o DPCM** (con $L>2$).

En modulación delta, como sólo se utilizan dos niveles, para conseguir una adecuada calidad de imagen, hay que usar un rango de muestreo varias veces superior al exigido por el criterio de Nyquist. *DM* no se suele usar para la codificación de imágenes, más bien con otro tipo de señales más sencillas, como la voz, en parte por el alto valor de la frecuencia de muestreo requerible.

En *DPCM* la señal analógica se muestrea inicialmente alrededor del rango de Nyquist. En su forma más simple, utiliza el valor codificado del píxel anterior sobre la misma línea (horizontal) para la predicción.

Predictores más sofisticados hacen mejor uso de la correlación entre pixels, utilizando más elementos del campo actual (de la actual y de las anteriores líneas) o bien elementos de campos y cuadros anteriores. A estos se les denomina **predictores intracampo** (*"intrafield"*) e **intercuadro** (*"interframe"*) , respectivamente, definiendo a su vez los sistemas codificadores intracampo e intercuadro.

Los codificadores intercuadro requieren de memoria para campos o cuadros y, generalmente, son más complejos que los codificadores intracampo. Sin embargo, la caída del coste de la memoria hace que cada vez sea menos importante la distinción económica entre ambos sistemas codificadores.

3 Técnicas de Compresión de Datos Básicas

3.2.1   Predictores

Los predictores para *DPCM* se pueden clasificar en **lineales** y **no lineales**, dependiendo de si la predicción está basada en una función lineal o en una función no lineal de los valores de los pixels transmitidos previamente.

Existe una subclasificación más dependiente de la localización de los pixels previos utilizados: **predictores unidimensionales**, usan los pixels anteriores de la línea donde se encuentra el punto a predecir; **predictores bidimensionales,** que usan los pixels de la línea(s) anterior(es) e incluso, en los predictores intercuadro, los pixels de los campos y cuadros previos.

Por otro lado, los predictores pueden ser **adaptativos** o **fijos**, en función de que cambien o no sus características, según sea el tipo de datos que les llega.

3.2.1.a Predictores Lineales

Están basados en la *Teoría General de la Predicción Lineal*, por la que se debe minimizar el error de predicción cuadrado medio. Esto es, $E(b_N - \beta_N)^2$.

Conocido los (*N-1*) valores de los pixels anteriores $\{b_1,\ b_2\ ,...,\ b_{N-1}\}$, se intenta predecir el valor b_N . Un predictor lineal escoge siempre como valor de predicción β_N para b_N , tal que

$$\beta_N = \sum_{i=1}^{N-1} \alpha_i b_i$$

donde $\{\alpha_i\}$, coeficientes de peso, se escogen de modo que la implementación sea lo más fácil posible.

El valor cuadrado mínimo del predictor lineal se obtiene derivando $E(b_N - \beta_N)^2$ con respecto a cada α_j e igualando el resultado a cero,

$$-2E\left[b_N b_j - \sum_{i=1}^{N-1} \alpha_i b_i b_j\right] = 0 \quad \text{con } j=1,.., N-1$$

Haciendo $d_j = E(b_N b_j)$ y $r_{ij} = E(b_i b_j)$, como componentes de la matriz columna **d** y de la matriz cuadrada **R**, se tiene

$$d - R\alpha = 0$$

La matriz cuadrada **R** se conoce como la ***matriz correlación*** de los pixels anteriores b_1, b_2 ,..., b_{N-1}, y **r_{ij}** es la ***correlación*** entre los pixels b_i y b_j . Si la matriz correlación es no singular, entonces

$$\alpha = R^{-1} d$$

matriz columna de los coeficientes de peso α_i , es solución única, a partir de la que ya se puede construir el predictor lineal,

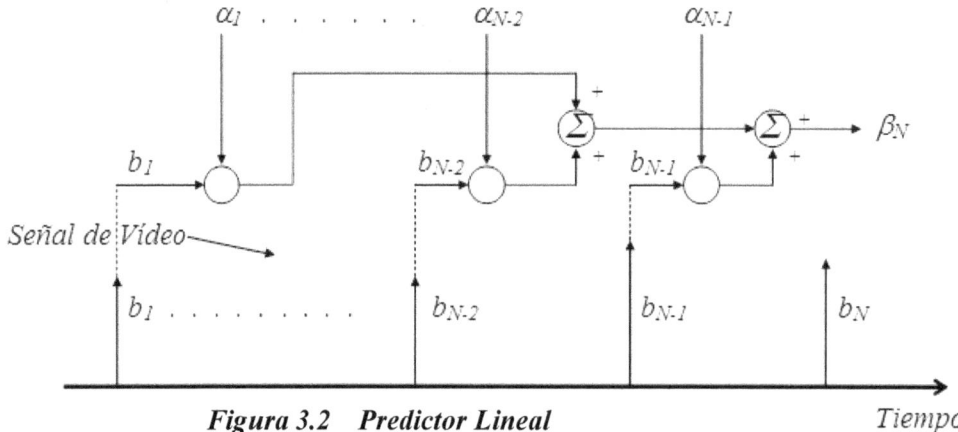

Figura 3.2   Predictor Lineal   *Tiempo*

Usando los coeficientes óptimos $\{\alpha_i\}$ obtenidos anteriormente por minimización del error de predicción cuadrado medio *MSPE* , $E(b_N - \beta_N)^2$, se consigue para éste un valor,

$$MSPE_{Optimo} = \sigma^2 - \sum_{i=1}^{N-1} \alpha_i d_i$$

donde $d_i = E(b_N \cdot b_{N-i})$, y se asume que los pixels están distribuidos idénticamente con varianza σ^2 .

Se encuentra que, lo normal es que la suma de todos los coeficientes α_i sea aproximadamente 1, por lo que en la ecuación ,

$$\beta_N = \sum_{i=1}^{N-1} \alpha_i b_i$$

se trabaja con los valores de los pixels originales, sin restarles el valor medio del bloque de pixels considerado.

Aunque la teoría de la predicción lineal puede tratar un amplio espectro de señales con diferentes variedades estadísticas, su aplicación a la codificación de la imagen no ha tenido mucho éxito. Esto se debe a que no hay modelos estadísticos satisfactorios que describan con precisión la señal visual y, por otro lado, mientras que la minimización del error de predicción cuadrado medio es importante, esto no equivale a conseguir una minimización del bit-rate o una optimización de la calidad de la imagen codificada.

En el análisis efectuado anteriormente no se han tenido en cuenta los efectos de la cuantificación, sobre el funcionamiento global del codificador *DPCM*. En un sistema *DPCM* real la predicción del valor del píxel b_N se puede hacer sólo utilizando representaciones codificadas previas de las muestras pasadas de b_1, b_2 ,..., b_{N-1}, y nunca usando los valores de los pixels originales sin codificar. Esto debe ser así para que el receptor sea capaz de computar la predicción. En un codificador *DPCM* de alta calidad de imagen, sin embargo, los efectos de la cuantificación son mínimos y , muchas veces, inobservables.

3.2.1.b Predictores Intracampo

En la práctica, los predictores bidimensionales son más utilizados. Aunque la mejora en la entropía del error de predicción no es sustancial, utilizando la predicción bidimensional se obtiene una reducción considerable sobre el pico del error de predicción. Además, eligiendo apropiadamente los coeficientes, se consigue mejorar la predicción generando una rápida caída de los efectos de la transmisión de bits erróneos en la reconstrucción de la imagen.

En general, ya que las correlaciones son habitualmente altas y el valor medio de la señal visual no cambia radicalmente en unas pocas muestras, la suma de los coeficientes del predictor de *MSPE óptimo* está cerca de la unidad. Sin embargo, para asegurar que los efectos de cualquier perturbación (por ejemplo, errores de cuantificación) en el lazo *DPCM* desaparecerán con el tiempo (el lazo sería estable), el peor caso de ganancia, esto es, $\sum_{i=1}^{N-1} |\alpha_i|$ debería ser tan pequeño como sea posible. Esto significa que lo mejor es utilizar una gran cantidad de elementos de la imagen, cada uno con un coeficiente asociado pequeño, en el proceso de predicción.

Además, para mejorar la implementación, los coeficientes del predictor $\{\alpha_i\}$, deberían ser potencias de 2^{-1}.

A la hora de diseñar un predictor intracampo para la señal de televisión compuesta hay que tener en cuenta que parte de la correlación en las muestras contiguas se pierde, debido a la presencia de las componentes de crominancia moduladas.

La solución está en muestrear la señal compuesta de TV a una frecuencia múltiplo entero de la subportadora del color. De esta manera, los efectos de la subportadora pueden eliminarse, considerando siempre muestras de la misma fase para la predicción.

Además, si el rango de muestreo es nf_c (con n entero), la enésima muestra previa de la misma línea escaneada, se puede utilizar como valor de predicción. Esto es así, ya que ambas muestras (actual y enésima previa) tienen la misma fase, con lo que, en definitiva, se minimizan los efectos de la subportadora. Sin embargo, este caso de predicción tan simple no usa todo lo que puede ofrecer la correlación entre pixels.

Habitualmente se usan predictores intracampo más complejos, basados en el espectro bimodal de la señal compuesta. Estos realizan una predicción simultánea de la luminancia banda de base y la crominancia modulada, obteniendo resultados más eficientes que los que se tendrían, para el caso de la predicción de los componentes del color de forma individual.

Por ejemplo, supuesto una señal compuesta *NTSC* muestreada a cuatro veces la frecuencia de la subportadora. La señal muestreada se corresponde con una porción de línea escaneada donde la crominancia y luminancia son aproximadamente constantes.

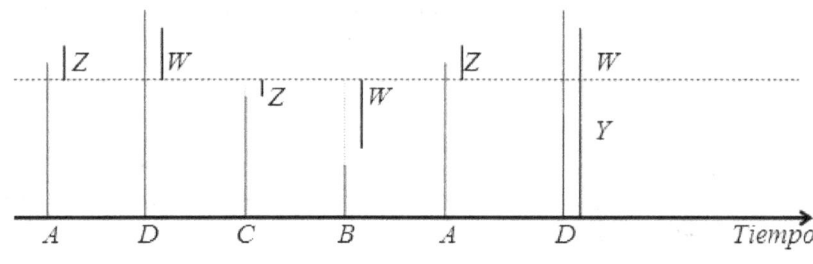

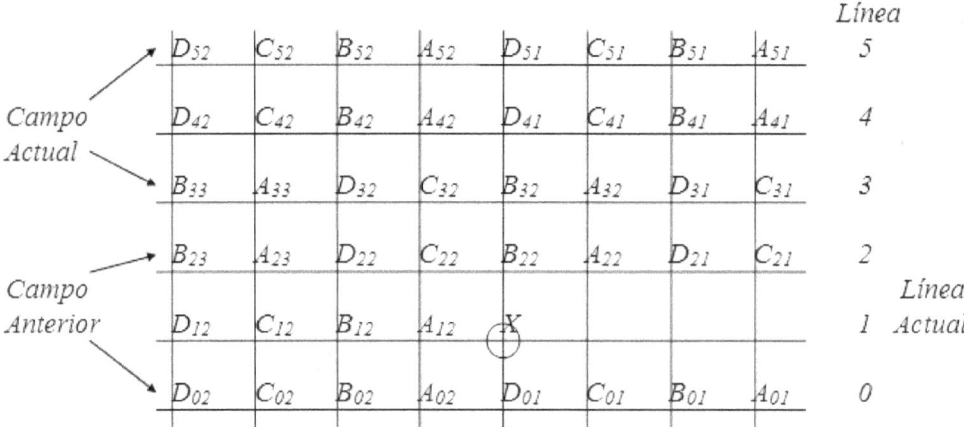

Figura 3.3   Predictor Intracampo

La última figura muestra líneas contiguas de los campos actual y anterior, con los pixels nombrados por *A, B, C, D*. El píxel a codificar se denota por *X* (observar que tiene la misma fase en la subportadora de color que el píxel *D*).

Supuesto que el muestreo cubre una zona de la imagen donde tanto la luminancia como la crominancia se mantienen constantes ; entonces,

$$\begin{cases} A = Y + Z \\ B = Y - W \\ C = Y - Z \\ X = D = Y + W \end{cases}$$

siendo *Z* y *W* las amplitudes instantáneas de la portadora de color e *Y*, amplitud de la luminancia. Se puede escribir,

$$\begin{cases} W = D - (A+C)/2 \\ Z = A - (D+B)/2 \end{cases}$$

En la medida en que las fases de color de *X* y de *D* son iguales, cualquier predicción *X′*, para *X*, se puede poner como,

$$X' = Y' + W'$$

donde *Y′* predice la luminancia en *X* y *W′* el valor instantáneo de la portadora de color. Para *Y* se pueden hacer dos estimaciones,

$$\begin{cases} Y'_1 = (A+C)/2 \\ Y'_2 = (B+D)/2 \end{cases}$$

Para el componente *W* de la portadora de color hay tres posibles predicciones,

$$\begin{cases} W'_1 = (A+C)/2 - B \\ W'_2 = (D-B)/2 \\ W'_3 = D - (A+C)/2 \end{cases}$$

Los pixels A, B, C, D, elegidos para definir alguna de estas predicciones, se pueden seleccionar de entre cualquiera de los mostrados en la figura anterior. Sin embargo, los más cercanos a X estarán más correlacionados con él y, por tanto, serán más deseables en su utilización para la predicción.

Respecto de las predicciones de Y y W, se llega a la conclusión de que existen dos predictores elementales para X,

$$\begin{cases} X'_1 = D \\ X'_2 = (A\text{-}B\text{+}C) \end{cases}$$

Puesto que los elementos $\{A, B, C, D\}$ se pueden elegir de entre un montón de posibilidades y existe una gran cantidad de combinaciones lineales, para dar mayor complejidad a los predictores, se define un valor predictor más general, dado por,

$$X' = \sum_{i,j} \alpha_{ij} D_{ij} + \sum_{i,j} \beta_{ij} \left(A_{ij} - B_{ij} + C_{ij} \right)$$

Ya que el rango de la señal es siempre el mismo, no cambia de muestra a muestra, los coeficientes de peso en la predicción deben sumar en conjunto 1,

$$\sum_{i,j} \alpha_{ij} + \sum_{i,j} \beta_{ij} = 1$$

A esta última ecuación se puede añadir cualquier número de valores predictores nulos en un área de luminancia y crominancia constantes, pero que pueden proporcionar información útil sobre las señales de crominacia y luminancia, justo en las zonas donde cambian sus valores. La generalización más grande posible para la predicción de X será,

$$X' = \sum_{i,j} \alpha_{ij} D_{ij} + \sum_{i,j} \beta_{ij} \left(A_{ij} - B_{ij} + C_{ij} \right) + \sum_{i,j} \gamma_{ij} \left(A_{ij} - A'_{ij} \right) + \sum_{i,j} \delta_{ij} \left(B_{ij} - B'_{ij} \right) + \sum_{i,j} \varepsilon_{ij} \left(C_{ij} - C'_{ij} \right)$$

donde A_{ij}', B_{ij}', C_{ij}', representan los pixels del tipo A, B, C, que se encuentran en las cercanías de A_{ij}, B_{ij}, C_{ij}.

La expresión final que representa el predictor intracampo más completo no posee demasiada flexibilidad en su implementación, coste y desarrollo, por lo que en la práctica sólo unos pocos codificadores predictores la utilizan.

Normalmente, la señal visual es altamente no estacionaria. Por ello, puede resultar ventajoso modificar la predicción de acuerdo a las propiedades locales de la señal con la información visual. En este caso se colocan los predictores adaptativos.

Si en el cálculo de las propiedades locales se utilizan pixels todavía no transmitidos, entonces habrá que enviar información lateral, de modo que el receptor pueda adaptarse a la predicción usada. Si en la transmisión sólo se utiliza información previa para la implementación de la predicción, entonces en el receptor se podrán seguir los mismos pasos y, no será necesario enviar información lateral.

En el caso de la predicción intracampo, se suele usar habitualmente un método basado en la *medida de la correlación direccional* sobre los pixels cercanos ya transmitidos, que se encuentran alrededor del punto de predicción.

Con esta información se selecciona un predictor en la dirección de máxima correlación.

El conjunto de predictores, de entre los que se selecciona el valor predictor definitivo, son normalmente lineales y se escogen observando el error de predicción que dan cada uno de ellos cuando la señal visual se correlaciona en una determinada dirección.

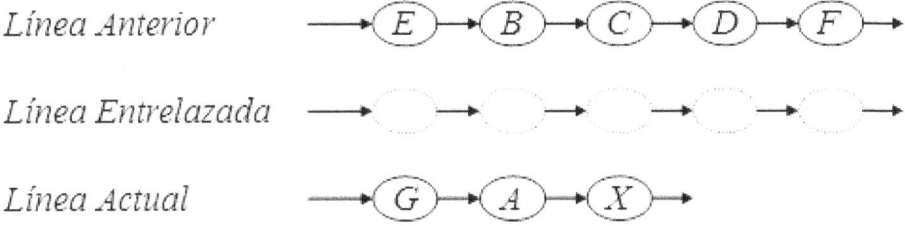

Figura 3.4   Predictor de Graham

Por ejemplo, en el *Predictor de Graham*, se utiliza para la predicción (píxel X) o la línea anterior (píxel C de la figura), o el píxel previo (A), realizando la conmutación entre ambos casos, de acuerdo a la siguiente regla :

$$X' = predictor\ de\ X\ = \begin{cases} A & ,\ si\ |B\text{-}C| < |A\text{-}B| \\ \\ C & ,\ resto\ de\ los\ casos. \end{cases}$$

Este tipo de predicción, comparada con la predicción única del píxel previo (horizontal), reduce la sobrecarga de pendiente en los bordes verticales y, en general, ofrece buenos resultados en imágenes afiladas. Sin embargo, tiene el problema de que no mejora los bordes en ángulo , esto es, las diagonales.

Una versión mejorada de este concepto la proporciona la ***Predicción de Contorno***. Aquí, se considera que la dirección de un contorno, entendido éste como un cambio espacial grande en intensidad, sobre pixels contiguos de la línea escaneada no cambia significativamente. De este modo, la dirección del contorno se puede determinar en el píxel A, buscando para éste la mínima diferencia con respecto de los puntos E, B, C y G, esto es, el mínimo de entre los errores $|A-E|$, $|A-B|$, $|A-C|$ y $|A-G|$. Entonces, el píxel vecino a la derecha del escogido de entre estos cuatro, se puede considerar como una predicción de X.

3.2.1.c Predictores Intercuadro

La predicción intercuadro utiliza una combinación de pixels pertenecientes, unos al campo actual y, otros a campos anteriores. Para imágenes con poco detalle y mínimo movimiento, la predicción por diferencia de cuadros parece ser la mejor.

Sin embargo, en imágenes con más alto nivel de detalle y movimiento, se ofrece mejor la predicción por diferencia de campos. De este modo, a medida que el movimiento de las imágenes aumenta, los predictores intracampo resultan más eficientes.

Esto se debe a dos razones :

- cuanto mayor es el movimiento, menor es la correlación entre el píxel actual y los pixels previos, ya sea del campo o del cuadro anterior.

- además, debido a la integración temporal de la señal en la vídeocámara, la correlación espacial de la señal de TV en la dirección del movimiento se incrementa.

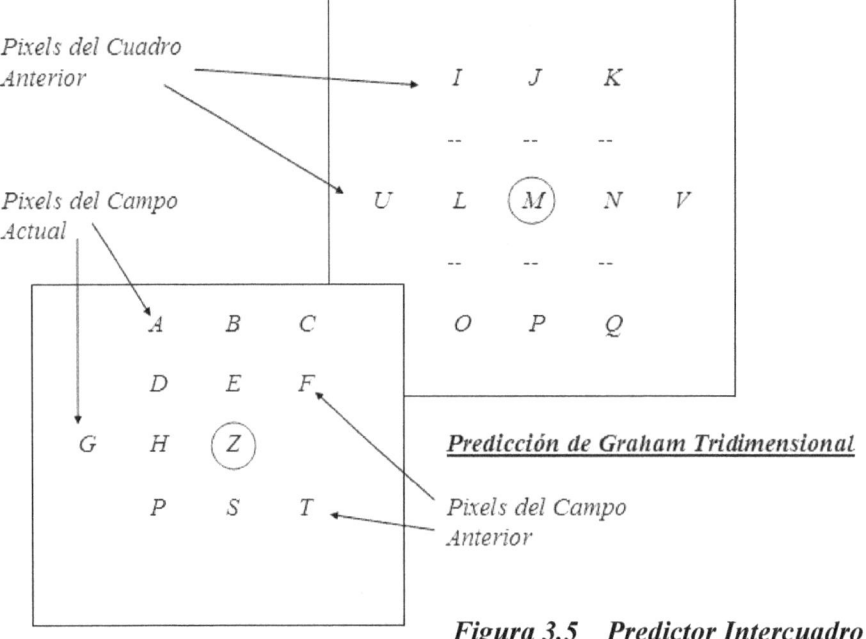

Predicción de Graham Tridimensional

Figura 3.5   Predictor Intercuadro

Por las razones citadas anteriormente, los predictores que trabajan con diferencia de elementos o de líneas entre cuadros, o con diferencia de campos, ofrecen mejores resultados para la estimación del movimiento.

La predicción adaptativa cuadro a cuadro está basada en una filosofía similar a la de la predicción intracampo. Ahora, se tiene una extensión tridimensional del Predictor de Graham, según el cual o se elige el cuadro anterior o un predictor intracampo, dependiendo de la información correlacional que se tenga.

En la figura anterior, el píxel Z se predice a partir del valor de H (elemento anterior), del píxel B (línea anterior en el mismo campo), o del píxel M (cuadro anterior), en función de la diferencia o error más pequeño :

- $|H\text{-}G|$ (diferencia de elementos),
- $|H\text{-}A|$ (diferencia de líneas) o
- $|H\text{-}L|$ (diferencia de cuadros).

La posibilidad de elección en esta técnica significa que los valores codificados de las muestras, G, H, B, .., están disponibles, lo que quiere decir que hace falta una gran capacidad de memoria para almacenamiento de estos datos.

Los mejores resultados de la predicción adaptativa para la codificación cuadro a cuadro se obtienen cuando se tienen en cuenta la velocidad y dirección del movimiento de los objetos dentro de una escena o conjunto secuencial de imágenes. A este tipo de predicción se le denomina *predicción por estimación del movimiento*. En las escenas reales, el movimiento es una compleja combinación de translaciones y rotaciones. Tal movimiento es difícil de estimar y puede requerir cantidades ingentes de procesamiento.

Sin embargo, el movimiento translacional es fácilmente estimable y , además, resulta ser muy útil para la codificación compensada de movimiento. Su éxito depende de la cantidad de movimiento translacional en la escena y de la capacidad algorítmica de estimación de la translación, que debe hacerse con la precisión necesaria para una buena predicción.

La mayoría de los algoritmos para la estimación del movimiento en la codificación intercuadro se ajustan a las siguientes hipótesis :
- Los objetos se mueven mediante translaciones sobre un plano paralelo al plano de la cámara, es decir, no se consideran en ningún caso, el efecto zoom de la cámara y la rotación de los cuerpos.

- La iluminación es tanto espacial, como temporalmente uniforme.

- La oclusión de un objeto por otro no se tiene en cuenta.

Los valores de intensidad de un píxel $b(z,t)$ y $b(z,t-\tau)$ de dos cuadros consecutivos se relacionan por, $b(z,t) = b(z-D,t-\tau)$

donde τ es el tiempo transcurrido entre los dos cuadros, **D** es el vector bidimensional de translación del objeto durante el intervalo de tiempo $[t-\tau,t\ ]$, y z es el vector bidimensional $[x,y]$ de la posición espacial.

En escenas reales, se toma como una buena predicción de $b(z,t)$, la dada por

$$\beta(z,t) = b(z-D,t-\tau).$$

El problema está entonces en determinar **D**, a partir de las intensidades de los cuadros actual y anterior, para lo cual se han desarrollado métodos como el basado en bloques bidimensionales de tamaño constante, dentro de los que se supone que el movimiento es constante.

4   VÍDEO COMPRESIÓN

A pesar de los avances en el campo de la tecnología digital, ya sea en equipos sensores detectores de la información visual, almacenamiento de datos y métodos de representación de imágenes, el impedimento fundamental en la mayoría de las aplicaciones sigue siendo la gran cantidad de datos que se precisan para representar una imagen digital directamente. Este inconveniente se ha reducido hoy en día por el gran avance sobre todo de los sistemas de almacenamiento masivo.

Por otro lado, hablando de los sistemas de audio, el ancho de banda audible ocupa un máximo de 20 Khz, lo cual supone un rango de datos digitalizados del orden de 1.4 Mbits/s para sonido estéreo de alta calidad. Las señales de video generan unos bit-rates que se aproximan desde los 220 Mbits/s en *NTSC*, hasta los 1.4 Gbits/s en *HDTV*.

Incluso en el caso de que se pretenda tratar con imágenes donde no influye el tiempo, por ejemplo, en sistemas de archivo, la cantidad de datos necesarios sigue siendo elevada. Considerando una imagen de resolución 1000 por 1000 pixels, a 24 bits cada uno (8 bits por color), representa 3 Mbytes sin ningún tipo de compresión.

Para facilitar el desarrollo industrial del sector se crearon tres estandarizaciones, referidas a imágenes con y sin movimiento y para videoconferencia. Existen conjuntos de chips en tecnología *VLSI* creados para tales propósitos y, desarrollados como "firmware", es decir, sistemas hardware que habitualmente llevan inherente todo el soporte software que necesitan.

Todos los métodos de compresión se fundamentan en la redundancia estadística de los datos[1], por un lado, y en las propiedades no lineales de la visión humana, por otro.

El uso de redundancia de datos significa que explotan la correlación espacial, en el caso de imágenes sin movimiento, y la correlación espacial y temporal, en el caso de las señales de video.

La compresión exclusivamente espacial se conoce como ***compresión intracuadro*** (dentro del mismo cuadro o intracampo, si se trabaja con campos), mientras que la compresión temporal se denomina ***compresión intercuadro*** (varios cuadros de trabajo simultáneos).

Normalmente las técnicas que ofrecen mejores rangos de compresión están basadas en la pérdida de datos, sin que por ello se produzca una reducción visible de la

---

[1]   Algunos métodos utilizan además la redundancia subjetiva.

calidad en la reconstrucción de la imagen. Con estos procedimientos se consiguen niveles de compresión desde 1/10 hasta 1/50, para imágenes, y desde 1/50 hasta 1/200, en las señales de video.

Pero también son utilizados comúnmente los métodos sin pérdida, donde tras la reconstrucción de datos se obtiene un formato exactamente igual al original ; pero tienen el inconveniente de que los rangos de compresión son mínimos, quizás no superiores a 1/3. Este tipo de técnicas se utilizan en aquellos casos en que las aplicaciones son altamente sensibles, por ejemplo, en imágenes para medicina, donde para conseguir una interpretación correcta hace falta, habitualmente, trabajar con reconstrucciones originales.

Las aplicaciones típicamente comerciales prefieren, sin embargo, los algoritmos con pérdida, en la medida en que suponen un ahorro de memoria y ancho de banda de transmisión.

Las propiedades características de la visión humana son ampliamente explotadas en los procedimientos con pérdida. Estas se resumen en ,

- Mucha mayor sensibilidad a la luminancia que a la crominancia. Esto se traduce, en la práctica, en que la resolución del muestreo de la señal de luminancia es el doble que la que se usa en las señales de color, por lo que el ancho de banda de transmisión también será diferente para ambas componentes en la señal compuesta. Además, para representar la señal de luminancia codificada se asignan más bits, que a la señal de crominancia.

- El ojo es mucho menos sensible a la energía de alta frecuencia espacial que a la de baja frecuencia. La realidad de este hecho está en el sistema entrelazado basado en campos alternados para la proyección de las imágenes. Esta situación supone que los coeficientes de alta frecuencia se pueden codificar con menos bits, que los de más baja frecuencia.

En definitiva, los tres estándar para video digitalización propuestos son :

1. *JPEG* (Joint Phtographic Experts Group). Compresión de imágenes sin movimiento.

2. Normas *H.261* y *H.263* de la *CCITT* (Consultative Commitee on International Telephony and Telegraphy). Video Teleconferencia.

3. *MPEG* (Moving Pictures Experts Group). Compresión de imágenes con movimiento.

4.1   ESTÁNDARD *JPEG*

Método de compresión de imágenes fijas que se ajusta a los siguientes requerimientos,

1- Utilización de un sistema codificador parametrizable, de modo que el usuario pueda escoger el nivel de compresión/calidad, pero teniendo en cuenta que el rango de fidelidad visual de la representación, respecto de la imagen original, esté caracterizado por un nivel de calidad comprendido entre muy bueno y excelente.

2- Ser aplicable a todo tipo de fuentes de imágenes, sin restricciones en cuanto a,

- dimensiones de las ventanas de captación (cámaras) o
- de proyección (displays),
- espacios de color (*RGB, YUV, YIQ,* .. .),
- resolución de pantalla (niveles de muestreo),
- tipo de imágenes, en lo referente a su complejidad, rango de color o propiedades estadísticas de correlación.

3- La complejidad de implementación computacional debe ser tal, que el sistema sea posible desarrollarlo dentro de una gama de CPUs que mantengan un coste para la aplicación viable, con un alto grado de desarrollo.

4- El estándar *JPEG* dispone de los siguientes modos de operación :

- *Codificación sin Pérdida*. La imagen se codifica de modo que se garantiza la reconstrucción exacta de la imagen original muestreada.
- *Codificación Secuencial*. Basada en la codificación de los elementos de la imagen por escaneo de izquierda a derecha, y de arriba a abajo. Existen dos modos, uno *básico* y otro *extendido*.
- *Codificación Progresiva*. La imagen se termina de codificar en múltiples pasadas, es decir, utiliza un sistema de escaneado múltiple y no único. Se usa en aplicaciones donde el tiempo de transmisión es grande e interesa reconstruir la imagen pasando de un nivel rudo inicial, a otro limpio y claro al final.
- *Codificación Jerárquica*. La imagen se codifica con múltiples resoluciones, por bloques rectangulares.

Para el desarrollo del estándar *JPEG* se siguió un proceso de selección de métodos de control de imágenes, proponiendo inicialmente un conjunto de 12 técnicas diferentes. El grupo de propuestas se fue reduciendo hasta que, finalmente, por rigurosidad selectiva se llegó a la conclusión de que la técnica basada en la aplicación de la transformada *DCT* sobre bloques de 8 por 8 pixels, es la que producía mejor calidad de imagen.

Sin embargo, el método basado en *DCT* se definió parcialmente, sólo para algunos de los modos de operación.

4.1.1 Compresión *JPEG* sin Pérdida

La técnica básica de compresión sin pérdida es la codificación entrópica, es decir, los procedimientos *VLC* : codificación Huffman y Aritmética.

Sin embargo, estos procedimientos no trabajan demasiado bien con imágenes, ya que en este caso los símbolos son valores de pixels, generando una distribución de ocurrencias muy desigual.

En *VLC* interesa tener una distribución de probabilidad caracterizada por un sólo pico y el resto de la distribución compuesta por valores lo más pequeños posible.

Experimentalmente, se observa que en la mayoría de las imágenes un píxel se parece a los que le rodean (característica de correlación), salvo en los bordes.

Entonces, el modo de conseguir que *VLC* funcione con imágenes es preprocesarlas inicialmente, tras el muestreo, enviando la diferencia o señal de error entre elementos contiguos de la imagen al codificador *VLC*. Con ello, se consigue trabajar con valores normalmente pequeños y, en ocasiones, en los bordes con unos pocos más grandes.

El modo *JPEG* sin pérdida está compuesto así por un ***predictor***, generador de las señales de error y un ***sistema VLC***, encargado de producir el código. *JPEG* sin Pérdida en realidad constituye un ***codificador predictivo sin bloque de cuantificación.***

Los cuantificadores constituyen normalmente una parte importante de los codificadores compresores, pero introducen redondeos de valores decimales a enteros que dan lugar a pérdida de información, típicamente irrecuperable. Cualquier sistema compresor característico sin pérdida nunca podrá contar con una etapa de cuantificación.

4.1.2 Compresión *JPEG* Secuencial

El sistema ***Secuencial Básico*** constituye un método de compresión sofisticado que se ajusta perfectamente a una gran cantidad de aplicaciones. Antes de ver cual es la estructura de la técnica secuencial, hay que definir lo que será el corazón de los modos de operación basados en *DCT*.

Los pasos a dar son los siguientes :

1- Independientemente del sistema utilizado (*RGB, YIQ, YUV, BN*), los planos muestreados (3 para sistemas de color y 1 para *BN*), se dividen en bloques rectangulares de tamaño 8x8 pixels, tratándolos en la forma convencional, de izquierda a derecha y de arriba a abajo.

2 - Pasar del dominio espacial al dominio de las frecuencias utilizando la Transformada Discreta del Coseno , *DCT*.

3- Aplicar Cuantificación sobre cada uno de los 64 coeficientes de la *DCT*.

4- Procedimiento de codificación *DPCM* sobre los coeficientes_*DC* (primer valor característico de cada bloque) y de codificación en ristras *RLE* sobre los coeficientes_*AC* (aquellos de cada bloque que no son *DC*), tras generar una secuencia unidimensional en zig-zag.

5- Codificación Entrópica de todos los coeficientes, utilizando alguno de los métodos *VLC* existentes.

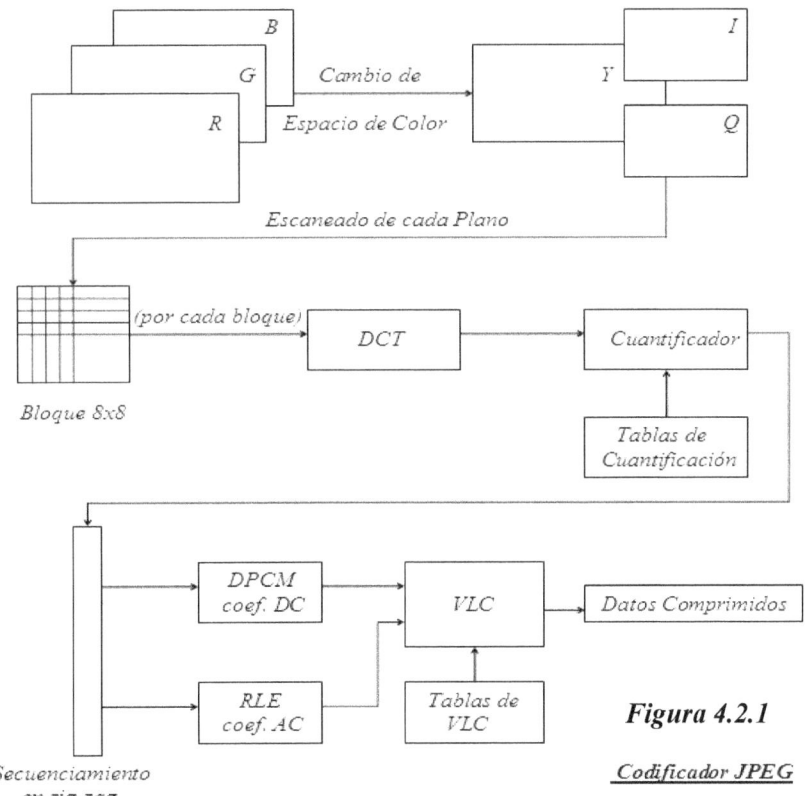

Figura 4.2.1

Codificador JPEG

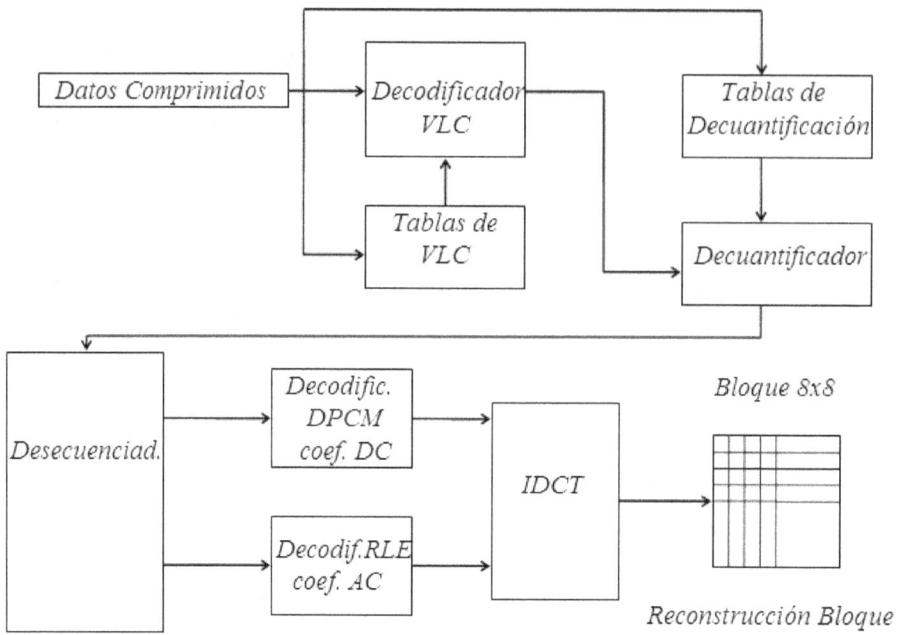

Figura 4.2.2   <u>*Decodificador JPEG*</u>

Después de realizar la transformación al espacio de color adecuado, cada plano es escaneado, con diferente nivel de muestreo, generando bloques de tamaño constante, conteniendo 8x8 pixels cada uno.

Entonces, la información de cada bloque se pasa al dominio de las frecuencias utilizando la ***Transformada Discreta del Coseno***.

La *DCT* definida para un espacio bidimensional de las dimensiones especificadas será,

$$F(u,v) = \frac{1}{4}\sum_{x=0}^{7}\sum_{y=0}^{7} A(u)A(v)\cos\frac{(2x+1)u}{16}\pi\cos\frac{(2y+1)v}{16}\pi f(x,y)$$

donde,

$$A(u), A(v) \quad = \quad \begin{cases} 1/\sqrt{2} & para\ u,v=0 \\ \\ 1 & para\ el\ resto \end{cases}$$

Con la *DCT* se consigue una distribución espacial de frecuencias, que comprime el espectro de la señal de entrada, consistente en 64 valores dentro de los que hay que diferenciar los coeficientes_*AC* , del coeficiente_*DC*.

Se conoce como coeficiente_*DC* aquel que se define a partir de las coordenadas origen del bloque (0,0). Representa el valor medio del bloque de 8x8, por lo que se almacena aparte como valor más característico del mismo. Dos bloques con mismo coeficiente_*DC* tendrán visualmente un aspecto parecido.

Los restantes 63 coeficientes de la *DCT* son *AC*, representando frecuencias espaciales relativas del bloque. Pero en la práctica no hace falta transmitir todos los coeficientes_*AC*, ya que muchos de ellos tienen valores de amplitud cero o casi cero, por lo que no necesitan ser codificados. Esta es la razón por la que la *DCT* es tan efectiva en un sistema de compresión con o sin pérdida.

En principio, la *DCT* no introduce pérdida sobre los bloques fuente de información, representando una transformación a un dominio en el que se puede codificar más eficientemente. Sin embargo, a la hora de implementar las ecuaciones de la *DCT* y su inversa *IDCT*, hay problemas de precisión matemática, ya que contienen funciones transcendentales.

La computación de la *DCT* se suele realizar factorizando la ecuación general bidimensional, reduciendo el problema a series de *DCTs* unidimensionales ,

$$F(u,v) = \frac{1}{4} \sum_{x=0}^{7} A(u) \cos \frac{(2x+1)u}{16} \pi \left(\sum_{y=0}^{7} \cos \frac{(2x+1)u}{16} \pi f(x,y) \right) \quad (DCT \text{ vertical})$$

$$F(u,v) = \frac{1}{4} \sum_{y=0}^{7} A(v) \cos \frac{(2y+1)v}{16} \pi \left(\sum_{x=0}^{7} \cos \frac{(2y+1)v}{16} \pi f(x,y) \right) \quad (DCT \text{ horizontal})$$

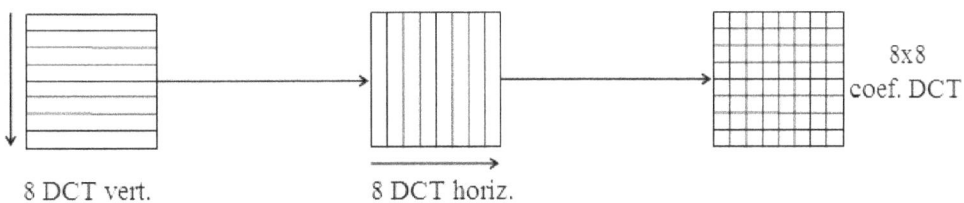

Figura 4.3   Procesamiento de la DCT

Después de la transformación de las muestras, a la salida de la *DCT*, se procede a la ***cuantificación*** en conjunto de los 64 elementos. En esta etapa se deben especificar las tablas de cuantificación utilizadas en la aplicación (8x8 elementos), como una entrada al codificador que debe transmitirse también comprimida.

Si el rango de cuantificación escogido es de 8 bits, cada elemento de la tabla especificado será un valor entero comprendido entre 1 y 255, cada uno de los cuales representa el tamaño de cuantificación de su correspondiente coeficiente *DCT*.

Lo que se pretende en el proceso de cuantificación es mejorar aún más la compresión, mediante la representación de los coeficientes de la *DCT* con la precisión suficiente, pero sólo necesaria para conseguir la calidad de imagen deseada. En este nivel el sistema descarta aquella información que no es visualmente significativa.

La cuantificación constituye la principal fuente de pérdida de datos en los codificadores basados en *DCT*.

En general, se define como una función constante ***q(u,v)***, o tamaño (paso) de cuantificación , tal que cada coeficiente *DCT* se divide por su correspondiente valor de cuantificación, redondeando el resultado al entero más próximo.

La salida del cuantificador viene dada por,

$$F_q(u,v) = redondeo\ (\ F(u,v)/q(u,v)\ )$$

En el caso del decuantificador, se obtiene a su salida (entrada siguiente del *IDCT*),

$$F'(u,v) = F_q(u,v)\ *\ q(u,v)$$

Se utilizan dos tipos de cuantificación :

- ***uniforme***, según la cual la longitud del intervalo de valores (coeficientes *DCT*) correspondiente a cada paso de cuantificación es constante.

- ***no uniforme*** por la que el espaciado entre intervalos de valores de la *DCT* es desigual.

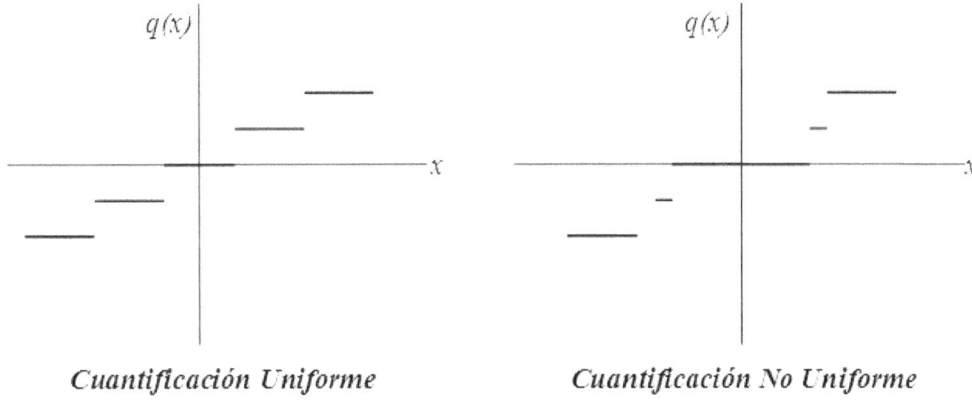

Cuantificación Uniforme   Cuantificación No Uniforme

Figura 4.4   Tipos de Cuantificación

Si el objetivo final es comprimir la imagen tanto como se pueda, sin mermar la calidad de la misma, cada paso de cuantificación debería elegirse, idealmente, en el límite de la percepción visual, o con una diferencia respecto del mismo mínima. Estos límites son función de las características de la imagen fuente, características del display proyector, distancia del observador y propiedades psicovisuales del ojo humano.

El estándar *JPEG* define dos tablas de cuantificación por defecto, una para el plano de luminancia y otra para los planos de crominancia. Normalmente, se utiliza como factor de calidad un factor de escala de estas tablas de cuantificación por defecto.

Las tablas de cuantificación en el formato *JPEG* siempre van en la cabecera de la estructura del modo transmitido.

Tras la cuantificación , los coeficientes_*DC* se tratan por separado de forma diferente respecto de los coeficientes_*AC*. Estos primeros representan una medida del valor medio de las 64 muestras de cada bloque de la imagen.

En la medida en que existe una fuerte correlación entre coeficientes_*DC* contiguos, se codifican utilizando la diferencia entre el valor *DC* de un bloque y el término *DC* previo. Es decir, se aplica ***DPCM sobre los componentes DC.***

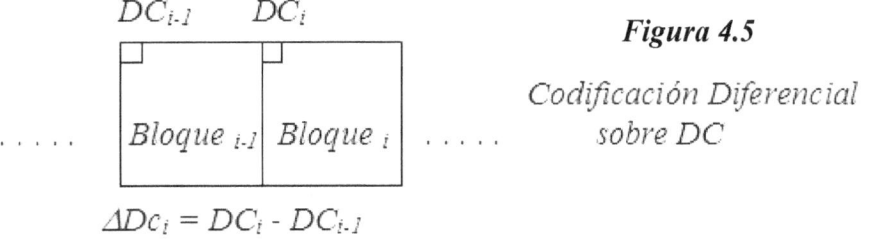

Figura 4.5

Codificación Diferencial
sobre DC

$\Delta Dc_i = DC_i - DC_{i-1}$

El siguiente paso es realizar un ***escaneado en zig-zag***, para convertir el bloque bidimensional de 8x8 elementos en una secuencia unidimensional ordenada. Esto facilitará la subsiguiente codificación entrópica, ya que los coeficientes de baja frecuencia (con mayor probabilidad de no ser cero) están colocados antes que los coeficientes de alta frecuencia, por efecto de la aplicación de las tablas de cuantificación.

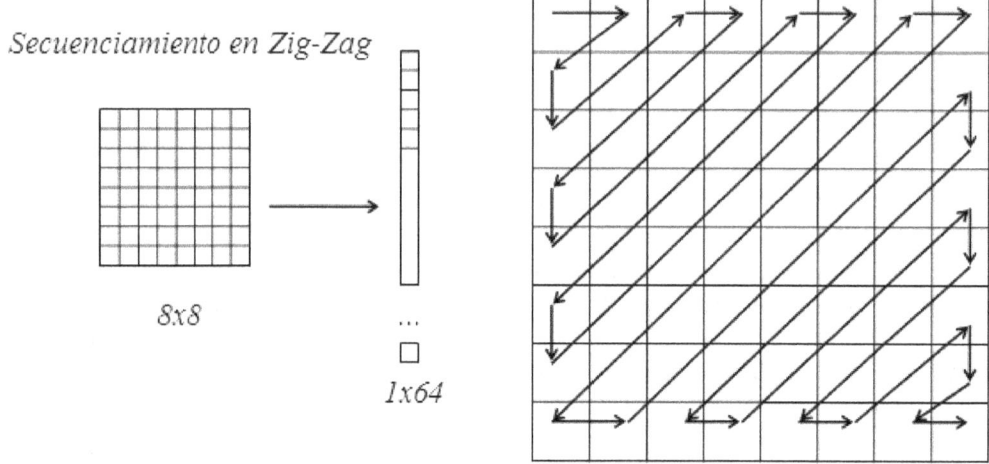

Figura 4.6   Escaneado (Raster)

El vector de elementos *AC* y tamaño 1x64, contendrá probablemente una gran cantidad de valores nulos seguidos, además de otros términos contiguos repetidos.

Es por ello, que se aplica ***Codificación RLE sobre los coeficientes AC***, codificando en forma de pares sencillos, (n° repeticiones, valor). El final de cada bloque se indica con el par (0, 0).

El último paso de un codificador basado en *DCT* es la ***codificación entrópica***.

Con esta etapa se mejora la compresión sin introducir pérdida alguna, por compactación de los coeficientes *DCT* cuantificados y ordenados, en base a sus características estadísticas.

El estándar *JPEG* propone dos métodos de codificación entrópica *VLC*, especificados para todos los modos de operación : codificación Huffman y codificación Aritmética.

La codificación Huffman requiere que cada aplicación especifique sus propias tablas de compresión *VLC*, tanto en el codificador, como en el decodificador y, para cada imagen a tratar.

Por el contrario, con el método de codificación Aritmética el sistema *JPEG* no precisa tablas definidas externamente como entradas, sino que la técnica se adapta a la estadística de la imagen, a medida que la codifica. Además, experimentalmente se demuestra que el método Aritmético produce un 5-10 % mejor rendimiento que el método Huffman.

Sin embargo, la técnica Aritmética se utiliza menos en cuanto que es mucho más compleja de implementar y, además, está registrada como patente.

El modo de aplicar la codificación entrópica es diferente para cada uno de los dos tipos de coeficientes de la *DCT*. El método *VLC* trabaja con los coeficientes_*AC* directamente, que previamente han sido codificados en *RLE* en la etapa anterior.

Por otro lado, con los coeficientes_*DC* ,después de ser tratados en *DPCM*, se realiza una clasificación basada en su valor actual, tal que

Valor	Categoría
0	0
-1, 1	1
-3, -2, 2, 3	2
-7,.., -4, 4,.., 7	3

Si por ejemplo, el valor de ΔDC_i es 6 (=110), hacen falta 3 bits de codificación. Se envía la categoría del valor (=3) codificada Huffman, seguida de los 3 bits correspondientes .

El proceso se denomina asociación de un ***Entero de Longitud Variable VLI***.

La calidad de imagen comprimida, utilizando alguno de los modos del método basado en *DCT* propuesto, se define a partir de una serie de niveles que van desde 0.25-0.5 bits/píxel, de moderada a buena calidad, hasta 1.5-2.0 bits/píxel, correspondiente a la no distinción respecto de la imagen original. La medida en bits/píxel (bit-rate), indica el número total de bits de todos los planos de la imagen comprimida (crominancia+ luminancia) dividido por el número de muestras en el plano de luminancia.

JPEG no especifica mediante código nada acerca de cuestiones como, tamaño de los pixels, espacio de color o características de adquisición de la imagen. Lo más que llega a tener en cuenta el sistema es, el tamaño de la imagen y el número de planos que la componen, con sus dimensiones, sin preocuparle el tipo de componente de la imagen, tratándolos a todos por igual.

Una imagen fuente puede llegar a contener hasta 255 componentes, denominados **bandas espectrales o canales**. Cada componente consiste en una matriz rectangular de muestras y, a su vez, cada muestra se define por un entero sin signo de precisión K-bits, por lo que su valor estará comprendido en el intervalo $(0, 2^{K}-1)$.

Todas las muestras de todos los componentes de la misma imagen fuente deben tener la misma precisión K. Normalmente, K vale 8 o 12 para sistemas basados en *DCT*, y de 2 a 16 para codificadores predictivos.

En el *i-ésimo* canal sus dimensiones se denotan por x_i e y_i. Para acomodar aquellos formatos de los componentes de una imagen que son muestreados a diferentes niveles que otros, se permite que los canales tengan distintas dimensiones.

Para ello, se utilizan los factores de muestreo relativos horizontal y vertical, H_i y V_i, respectivamente, específicos para cada componente. Las dimensiones de la imagen X e Y, son los valores máximos que pueden tomar x_i e y_i, para cualquier componente de la imagen y serán números enteros inferiores a 2^{16}. H y V pueden tomar valores enteros entre 1 y 4.

Los parámetros dimensionales codificados son X, Y y los H_i y V_i de cada componente, pero en el decodificador se reconstruyen los valores x_i e y_i con los que se va a trabajar para cada plano.

Esto se hace de acuerdo a las relaciones,

$$x_i = \left\lceil X \frac{H_i}{H_{max}} \right\rceil \quad , \quad y_i = \left\lceil Y \frac{V_i}{V_{max}} \right\rceil$$

Un sistema estándar de compresión de imagen debe establecer como se van a manejar los datos en el proceso de descompresión.

Esto es, algunas aplicaciones no tienen inconveniente en proyectar la imagen tras la descompresión total de la misma, por lo que la codificación se realizaría ordenada, componente a componente; sin embargo, muchas otras aplicaciones exigen la impresión o proyección de la imagen a medida que se va descomprimiendo, con lo que se utilizará un procedimiento de **codificación entremezclada o "interleaving"**.

Para compatibilizar el ***entremezclado*** de los sistemas basados en *DCT* , con los de los sistemas predictivos, el estándar *JPEG* propone el concepto de ***unidad de datos***. Se entiende por unidad de datos, una muestra en codificadores predictivos y, un bloque de 8x8 muestras en codificadores basados en *DCT*.

Cuando una imagen no utiliza entremezclado de sus componentes, las unidades de datos se localizan en el flujo de datos comprimidos ordenados, según el proceso de escaneo por rastreo, es decir, de izquierda a derecha y de arriba a abajo.

Si dos o más componentes de la imagen se entremezclan, se realiza un particionado de cada componente C_i en regiones rectangulares de H_i por V_i unidades de datos. Las regiones se ordenan dentro de cada componente de izquierda a derecha y de arriba a abajo y, lo mismo ocurre con las unidades de datos dentro de cada región.

Estándar *JPEG* define, además, el concepto de **Unidad Codificada Mínima MCU**, tal que será el conjunto más pequeño de unidades de datos entremezcladas, correspondientes a los diferentes componentes de la imagen superpuestos.

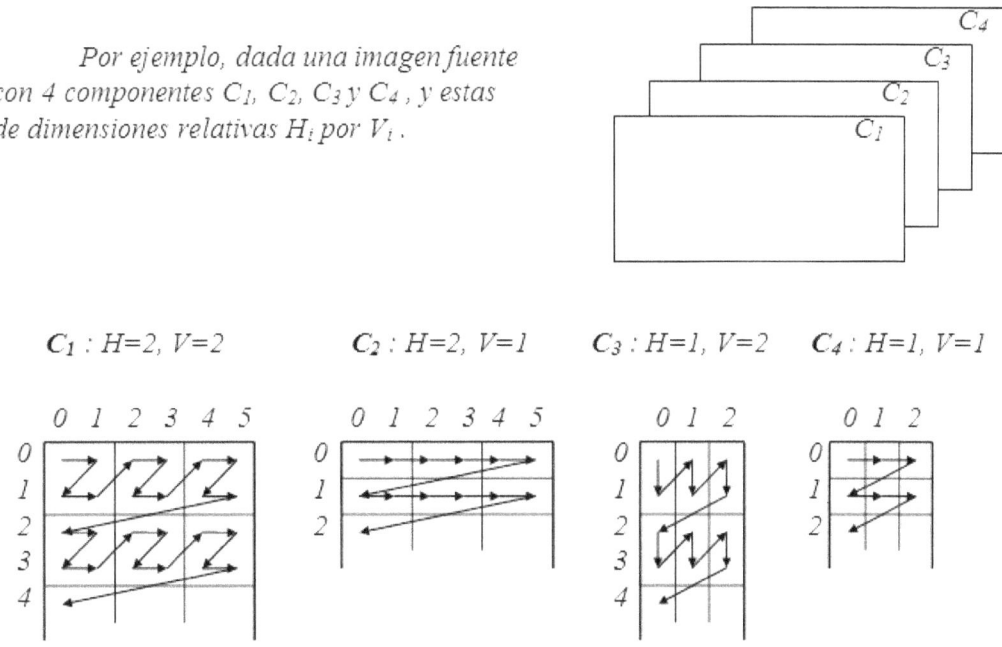

Por ejemplo, dada una imagen fuente con 4 componentes C_1, C_2, C_3 y C_4, y estas de dimensiones relativas H_i por V_i .

Figura 4.7 Componentes del "Interleaving"

$$MCU_1 = d^1{}_{00}, d^1{}_{01}, d^1{}_{10}, d^1{}_{11}, \quad d^2{}_{00}, d^2{}_{01}, \quad d^3{}_{00}, d^3{}_{10}, \quad d^4{}_{00}$$

$$MCU_2 = d^1{}_{02}, d^1{}_{03}, d^1{}_{12}, d^1{}_{13}, \quad d^2{}_{02}, d^2{}_{03}, \quad d^3{}_{01}, d^3{}_{11}, \quad d^4{}_{01}$$

$$MCU_3 = d^1{}_{04}, d^1{}_{05}, d^1{}_{14}, d^1{}_{15}, \quad d^2{}_{04}, d^2{}_{05}, \quad d^3{}_{02}, d^3{}_{12}, \quad d^4{}_{02}$$

$$MCU_4 = d^1{}_{20}, d^1{}_{21}, d^1{}_{30}, d^1{}_{31}, \quad d^2{}_{10}, d^2{}_{11}, \quad d^3{}_{20}, d^3{}_{30}, \quad d^4{}_{10}$$

donde los coeficientes d son las unidades de datos específicas de cada componente.

Las restricciones impuestas a este tipo de ordenación son que, por un lado, el número máximo de componentes que se puede entremezclar es 4 y, por otra parte, el número máximo de unidades de datos en una *MCU* es 10. Esto se expresa del siguiente modo,

$$\sum_i H_i V_i \leq 10, \text{ con } i=componentes\_entremezaclados$$

Además del control que debe ejercer el sistema *JPEG* sobre el entremezclado de canales, hay que tener en cuenta que el equipo codificador debe controlar también la asignación de las tablas de datos adecuadas, sobre los correspondientes componentes.

Cada componente se caracteriza por un conjunto único de tablas de cuantificación, una por canal, y de tablas de codificación entrópica , varias por canal, propias.

Los decodificadores *JPEG* tienen capacidad para almacenar simultáneamente 4 conjuntos de tablas (cuantificación + *VLCs*), lo que les permite manejar un máximo de 4 componentes a la vez. Es decir, durante la descompresión de una imagen conteniendo múltiples canales entremezclados, el decodificador conmuta entre las diferentes tablas, de modo que aplica aquellas adecuadas a cada componente, en el instante adecuado.

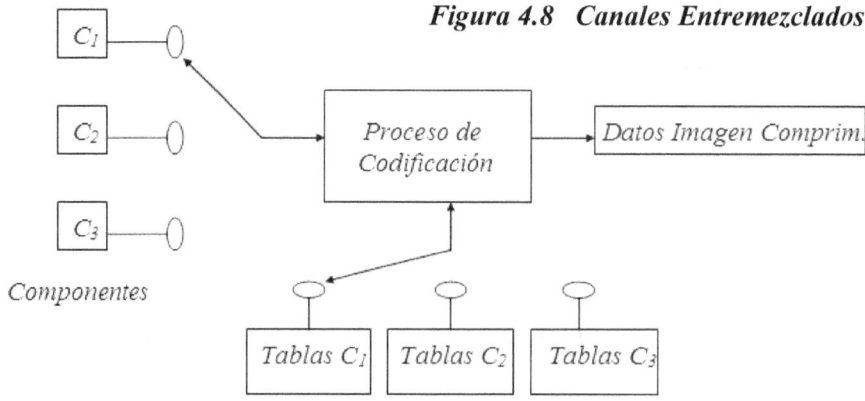

Figura 4.8 Canales Entremezclados

El modo **JPEG Secuencial** consiste en un Codificador basado en *DCT*, con control de componentes múltiples sobre imágenes de múltiples canales.

La **Codificación Secuencial Básica** se caracteriza por un nivel de muestreo de imágenes de 8 bits y permite sólo el uso de código Huffman. Además, los decodificadores tienen capacidad para almacenar únicamente 2 conjuntos de tablas Huffman (1 tabla para coeficientes_*AC* y otra para coeficientes_*DC*, por conjunto).

Esto significa que para imágenes con 3 o 4 componentes entremezclados, al menos uno de los conjuntos de tablas Huffman debe compartirse entre 2 componentes. En un sistema que no utilice entremezclado esto no supone ningún tipo de restricción, puesto que cada conjunto de tablas se carga en el decodificador cada vez que se va a descomprimir un nuevo canal no entremezclado.

La **Codificación Secuencial Extendida** permite utilizar precisiones de muestreo de 8 y 12 bits, así como, los 2 tipos de codificación entrópica , Huffman y Aritmética. De este modo, posibilita la compatibilidad con cualquier tipo de sistema basado en *DCT*. Además, usa hasta 4 conjuntos de tablas (1 *VLC* para *AC* + 1 *VLC* para *DC* + 1 de cuantificación , por conjunto), por lo que en el caso de entremezclado, ningún componente debe compartir tablas con otro.

La sintaxis del flujo de datos comprimido para transmisión en un JPEG secuencial básico, puede ser como sigue :

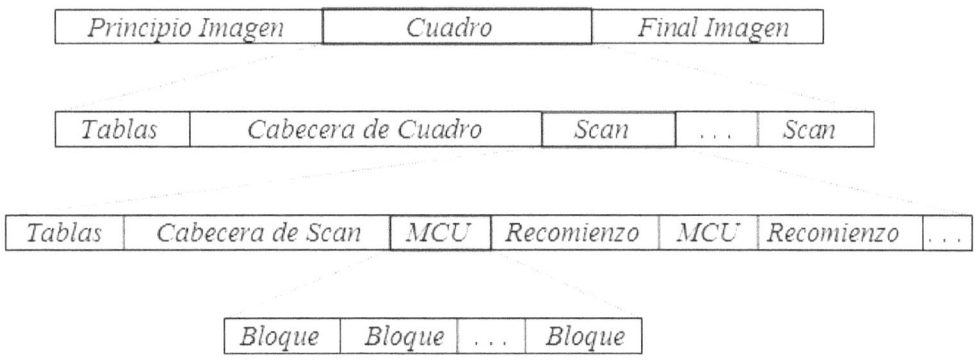

Figura 4.9   Sintaxis en JPEG secuencial

donde las Tablas antes de las cabeceras son de cuantificación y *VLC* de los datos del flujo que no pertenecen a los bloques. La información se alinea jerárquicamente y los parámetros fundamentales para la transmisión se guardan en las cabeceras, que consisten en,

- ***Cabecera de Cuadro***:

  Precisión de muestreo (8 o 12 bits).

  Anchura y altura de la imagen (X,Y).

  Número de componentes (1 a 255).

  Identificación *ID* de cada componente.

  Factores de muestreo horizontal y vertical H_i y V_i, por componente.

  Tabla de cuantificación para cada componente.

- ***Cabecera de Scan***:

  Número de *MCUs* en el Scan.

  Identificación *ID* de los *MCUs*.

  Conjunto de tablas Huffman para cada *MCU*.

4.1.3   Compresión *JPEG* Progresiva

Modo de operación *JPEG* donde las etapas de transformación *DCT* y de cuantificación son exactamente iguales a las del modo secuencial. La diferencia fundamental con este otro tipo de operación es que, cada componente de la imagen se codifica en múltiples pasadas, en lugar de con un único escaneado.

Visualmente, con el código de la primera o primeras pasadas se consigue una versión ruda, pero reconocible de la imagen, que tiene la ventaja de poder transmitirse rápidamente, en comparación con el tiempo total de transmisión. En sucesivas pasadas la imagen proyectada se va refinando, hasta alcanzar el nivel de calidad máximo, preestablecido por las tablas de cuantificación.

Un sistema de compresión progresiva requiere un buffer de memoria situado a la salida del cuantificador, antes de la entrada al codificador entrópico (secuenciador + *DPCM* + *RLE* + *VLC*). Este buffer de memoria debe tener capacidad suficiente como para almacenar todos los coeficientes *DCT* cuantificados de la imagen completa.

A medida que los bloques de coeficientes *DCT* son cuantificados, se almacenan en el buffer de coeficientes. Entonces, una vez se ha completado la operación de cuantificación, los coeficientes almacenados se van codificando por regiones, de acuerdo a un criterio predeterminado, en múltiples pasadas.

Se utilizan 2 criterios diferentes de codificación parcial y sucesiva de los coeficientes *DCT* cuantificados del buffer de memoria :

❑ **Selección Espectral** : En una primera pasada se envían todos los coeficientes DC, así como, una "banda" de coeficientes AC. Sucesivamente se irán enviando más bandas AC, hasta completar el proceso. El orden de codificación de las bandas es de mayor a menor peso, es decir, se comienza con los coeficientes que ocupan la frecuencia espacial más baja dentro de los bloques 8x8 ,en la posición 0, luego 1, 2, .. ,63.

❑ **Aproximación Sucesiva** : Los coeficientes se codifican inicialmente con una precisión inferior a la de cuantificación, aumentando ésta con las pasadas sucesivas. De este modo, en una primera pasada se codifican los N bits más significativos de todos los coeficientes almacenados, siendo N un valor especificado por la aplicación. En las siguientes pasadas se irán transmitiendo el resto de bits menos significativos, por orden de peso significante.

Ambos criterios de compresión progresiva se pueden utilizar separados, de forma independiente, o bien mezclados en combinación. En las siguientes figuras se comparan los métodos de codificación secuencial y codificación progresiva.

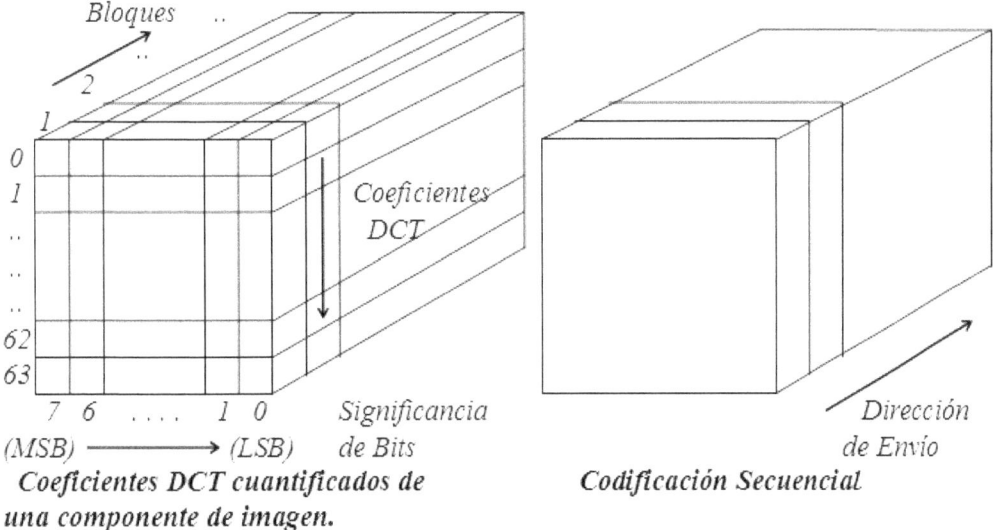

Coeficientes DCT cuantificados de una componente de imagen.

Codificación Secuencial

Figura 4.10.1   Codificación JPEG Secuencial

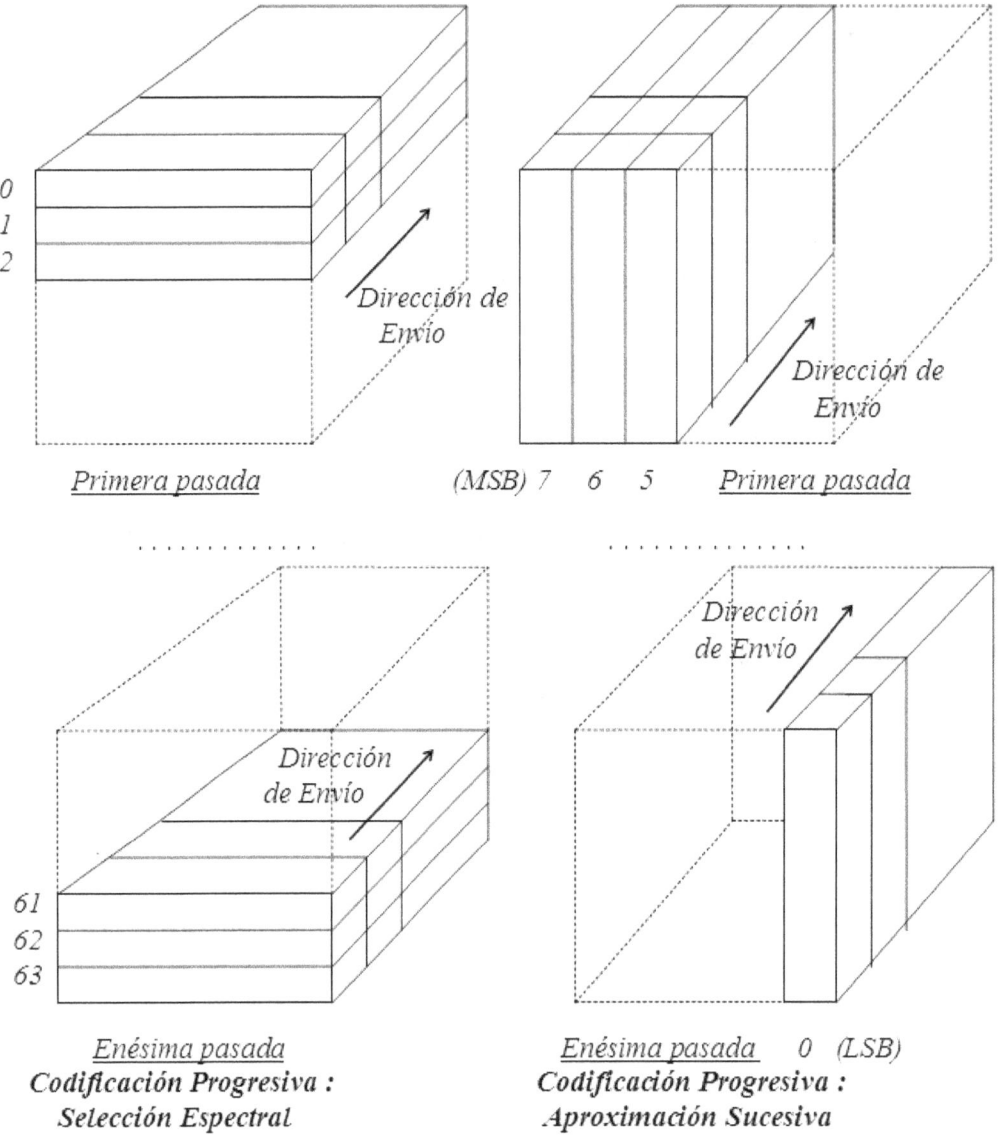

0
1
2

Dirección de Envío

Primera pasada

(MSB) 7   6   5   *Dirección de Envío*

Primera pasada

Dirección de Envío

61
62
63

Enésima pasada
Codificación Progresiva :
Selección Espectral

Dirección de Envío

Enésima pasada   0   (LSB)
Codificación Progresiva :
Aproximación Sucesiva

Figura 4.10.2   Codificación JPEG Progresiva

4.1.4   Compresión *JPEG* Jerárquica

Modo de compresión basado en la codificación de la imagen bajo una resolución inferior a la que ofrece su nivel de muestreo.

Los grados de resolución de una imagen (el de muestreo inicial y el de la codificación jerárquica) se relacionan de modo que, entre ellos siempre existe un factor de 2, ya sea en la dirección horizontal, en la vertical o en ambas direcciones (diagonal). Por ejemplo, dada una imagen de resolución 640x480, se puede tratar como si fuera de 320x240, con el consiguiente ahorro de información .

El procedimiento de codificación consiste en lo siguiente :

1- La imagen original muestreada se filtra y remuestrea a un nivel más bajo, con un factor múltiplo de 2 en la dimensión horizontal, vertical o en ambas.

2- La imagen *redimensionada* se codifica utilizando alguno de los modos ya descritos de *JPEG* (secuencial, progresivo o sin pérdida).

3- Decodificar la imagen redimensionada y expandirla por interpolación al doble de su resolución horizontal y/o vertical.

4- La imagen interpolada se considera como una predicción de la imagen original bajo la misma resolución. Previa diferencia entre ambos cuadros muestra a muestra, se codifica el objeto de nuevo bajo el modo secuencial, progresivo o sin pérdida.

5- Repetir los pasos 3 y 4 hasta alcanzar el nivel de resolución original de la imagen.

La codificación jerárquica resulta útil sobre todo en aquellas aplicaciones donde se trabaja con imágenes de alta resolución, pero se dispone de un display o proyector con un nivel de resolución inferior.

El estándar *JPEG* define un ***formato sintáctico de intercambio,*** estructurado de un modo consistente (como el especificado para el caso secuencial), para todos los modos de operación.

El formato asegura que cualquier imagen comprimida *JPEG* se puede adaptar con éxito a diferentes aplicaciones, entendidas estas como los usuarios del estándar. El formato de intercambio siempre incluye un espacio para las tablas de cuantificación y codificación entrópica utilizadas en la compresión de la imagen, dejando al usuario la posibilidad de elegir entre tablas específicas particulares suyas o tablas por defecto.

4.2 NORMA *H.261* (CCITT)

Recomendación de la *CCITT* que especifica un método de comunicación para videoconferencia y telefonía visual, sobre líneas telefónicas *ISDN* (Red Digital).

También se le denomina estándar *p*64*, porque la transmisión de datos se realiza sobre un canal *ISDN* a una velocidad p veces 64 Kbits/segundo, donde p es un entero comprendido entre 1 y 32. Con $p=1$ se tiene una señal de video de baja calidad , utilizada en teléfonos de imágenes, transmitida por una línea de 64 Kbits/s ; con $p=32$ se consigue una señal de video de alta calidad para videoconferencia, transmitida a través de una línea de unos 2 Mbits/s.

Un codificador *CCITT* está basado en un sistema *DCT* cuantificador, pero es más complejo que un codificador *JPEG*, en la medida en que utiliza un sistema de lazo cerrado.

El codificador de la norma *CCITT* se denomina híbrido porque combina la codificación transformada (basada en *DCT*), con la codificación predictiva, donde cada bloque del cuadro actual se predice a partir de un bloque del cuadro previo, utilizando un lazo de realimentación. El tipo de predicción utilizada aquí es intercuadro.

El estándar *CCITT H.261* no utiliza, sin embargo, una predicción intercuadro pura basada en la diferencia de los cuadros previo y actual, sino que además acompaña una estimación de movimiento entre ambos cuadros, lo que produce una mejora en la predicción y el bit-rate final de la aplicación.

Se definen 2 tipos diferentes de formatos de cuadro, distintos además para cada componente de la imagen : video CIF con resolución para la luminancia (352x288) y para los componentes del color (176x144), y video QCIF con resoluciones (176x144) y (88x72), para luminancia y crominancia, respectivamente. El sistema utiliza factores de submuestreo 4:1:1 , es decir, el plano de luminancia siempre tiene una resolución 4 veces superior a la de los 2 planos de color.

La norma *H.261* especifica 2 tipos distintos de cuadros, definidos por la aplicación de forma diferente : formato intracuadro (**cuadros-I**) y formato intercuadro (**cuadros-P**).

Los cuadros-I son fundamentalmente el resultado de un sistema *JPEG* basado en *DCT*. Los cuadros-P se definen como la diferencia entre un cuadro actual y el previo (predicción).

En definitiva, un sistema de transmisión de imágenes basado en *H.261* consigue reducir el bit-rate de comunicación combinando los cuadros-P, que ocupan menos tamaño de memoria al estar definidos por diferencias, con los cuadros-I, típicos de *JPEG*.

Siempre un cuadro-P depende del anterior, ya sea cuadro-P o cuadro-I .

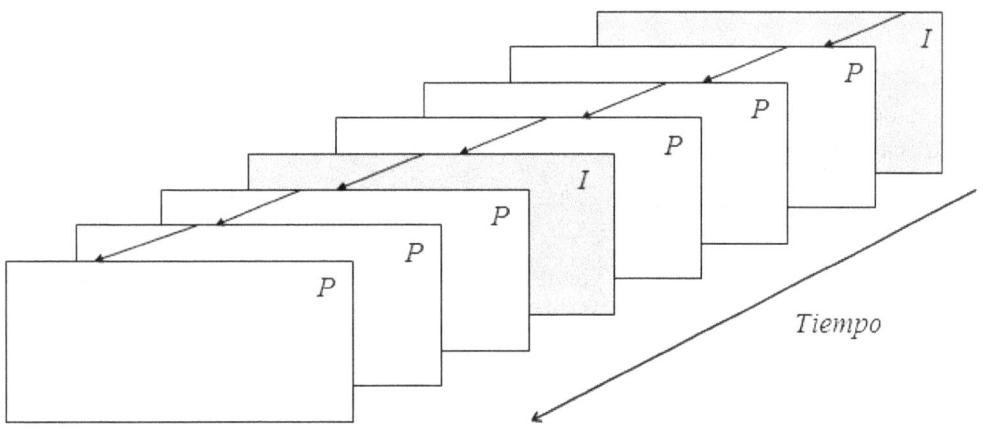

Figura 4.11   Codificación H.261

Codificación Intracuadro : Generación de cuadros-I.

A diferencia de *JPEG*, aquí se trabaja con el concepto de ***macrobloque***. Un macrobloque contiene 4 bloques Y , 1 bloque del plano U (Y-R) y un bloque del plano V (Y-B), trabajando con el sistema *YUV* y, siendo los bloques matrices cuadradas de 8x8 valores.

Esto significa que, de acuerdo al submuestreo elegido 4:1:1, un macrobloque son 16x16 puntos del plano Y, 8x8 puntos del plano U y 8x8 puntos del plano V.

La codificación intracuadro se genera aplicando *JPEG* basado en *DCT* sobre cada bloque de cada componente o canal :

DCT + Cuantificación + Zig-Zag + ($DPCM$ en DC + RLE en AC) + VLC .

La norma *H.261* no utiliza tablas de cuantificación, sino que ésta se consigue dividiendo todos los coeficientes *DCT* de un mismo bloque por un valor constante único.

Codificación Intercuadro : Generación de cuadros-P .

La nomenclatura que se utiliza denomina ***imagen de referencia*** a la imagen previa e, ***imagen blanco*** a la imagen a codificar (actual).

El procedimiento de codificación del cuadro-P es como sigue :

1- Para cada macrobloque del blanco fijo en una posición origen (x,y), se define un macrobloque en la referencia sobre la misma posición origen , desplazándolo (dx,dy) sobre una ventana de dimensiones ± 15 pixels en horizontal y ± 15 pixels en vertical.

2- Se realiza la diferencia E (en valor absoluto) del macrobloque blanco en (x,y), con el macrobloque referencia en $(x\text{-}dx,y\text{-}dy)$.

3- Se va guardando el valor mínimo de E, así como, los desplazamientos correspondientes dx, horizontal, y dy, vertical, para ese mínimo (vector de movimiento).

4- El procedimiento se repite para todos los macrobloques y, para todos los posibles valores (dx,dy) de la ventana de búsqueda.

5- El cuadro-P estará compuesto por la codificación de todos los valores guardados en el paso 3 (vector de predicción).

Este procedimiento utiliza para encontrar el mejor bloque ***Diferencia Absoluta Media (MAD),*** pero también se puede usar ***Error Cuadrado Medio (MSE).***

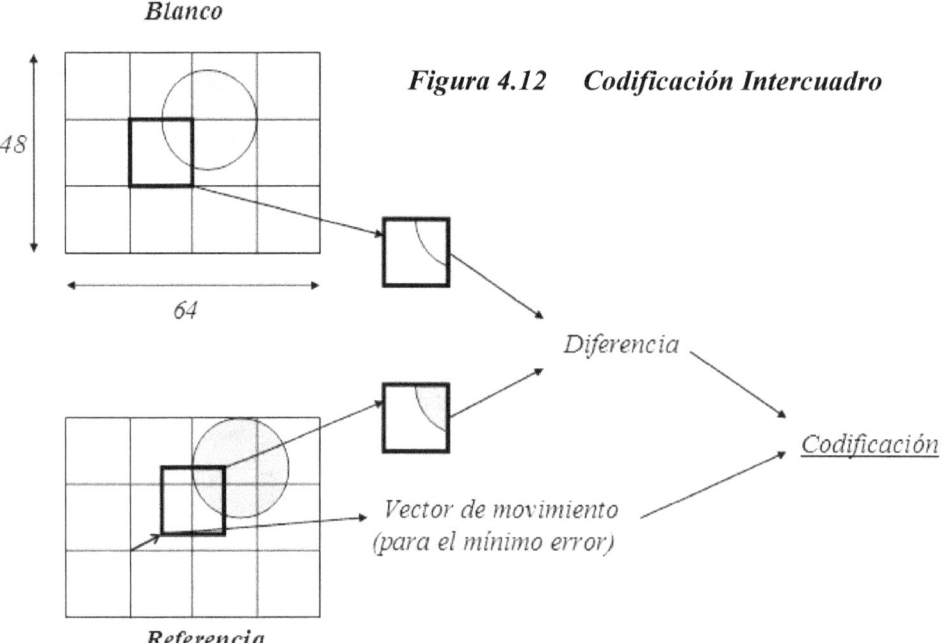

Blanco

Figura 4.12   Codificación Intercuadro

48

64

Diferencia

Codificación

Vector de movimiento
(para el mínimo error)

Referencia

La notación que se sigue para codificar un macrobloque es la siguiente :

Dirección	Tipo	Cuantif.	Vector Mov. (dx,dy)	CBP	b0	b1	..	b5

Muchos macrobloques de referencia serán iguales, o casi iguales, a los blancos con los que se comparan, por lo que no haría falta volver a codificarlos. Se accede a ellos por referencia a su dirección (de incremento).

Por el contrario, a veces no es posible ajustar 2 macrobloques (el error es muy alto). Por ello, se enviaría un INTRA bloque, indicándolo en *Tipo*.

Es posible modificar el nivel de cuantificación de la imagen, definiendo un valor de cuantificación particular y opcional para cada macrobloque, en el caso de que se quiera afinar el rango de compresión.

Algunos bloques de un macrobloque encajarán perfectamente con sus previos correspondientes, pero otros no tanto. Por tanto, se envía una *máscara* indicando cuales de los 6 bloques del macrobloque están presentes codificados : *CBP* o patrón de bloques codificados.

Los bloques codificados indicados en *CBP* se envían como en *JPEG*.

El formato sintáctico del flujo de bits total tiene la siguiente estructura :

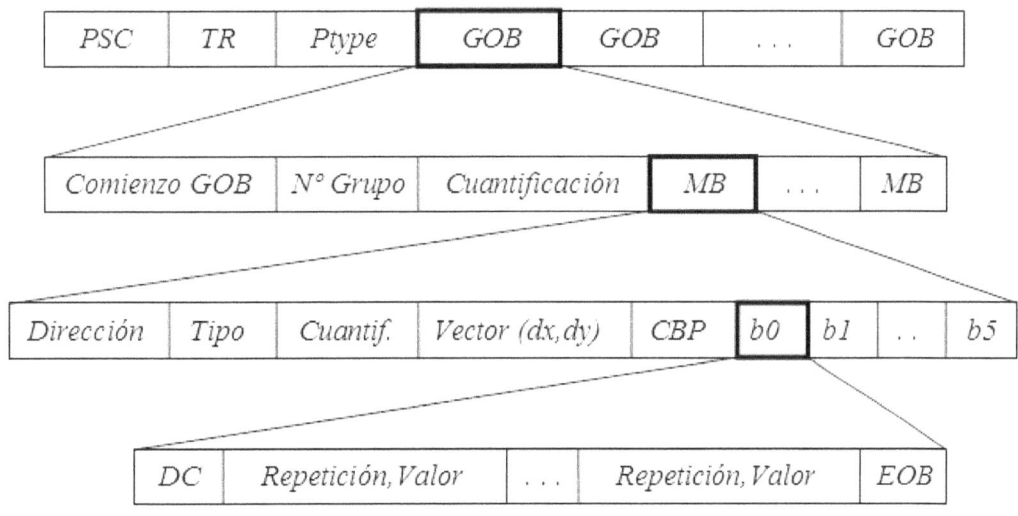

Figura 4.13   Sintaxis en la Codificación H.261

Inicialmente, se envía un código para delimitación de las imágenes o *PSC* (Picture Start Code).

Se define una referencia temporal o *TR* por cada imagen, utilizada luego para sincronización con las señales de audio.

En el *Ptype* (Picture Type), se indica el tipo de cuadro : cuadro-I o cuadro-P.

Cada imagen se divide en regiones de 11x3 macrobloques, denominadas Grupos de Bloques o *GOB*. En el formato *QCIF* un *GOB* está constituido por 11x3 bloques (de 8x8, ya que un macrobloque contiene un bloque), mientras que para el formato *CIF* un *GOB* son 22x6 bloques (1 macrobloque son 4 bloques).

Tras definir el comienzo de cada *GOB*, se le asigna un Número de Grupo, para el caso en que se quiera saltar grupos enteros.

El nivel de cuantificación o *GQV* (Group Quantization Value) se define inicialmente por grupo, aunque luego se puede particularizar por macrobloque.

Dentro de cada macrobloque o *MB* se indica, en la máscara *CBP*, cuales de los 6 bloques (*b0 a b5*) es necesario codificar. Sus códigos se enviarán *DPCM* para el coeficiente *DC* y *RLE* (pares de Repetición,Valor) para los coeficientes *AC*.

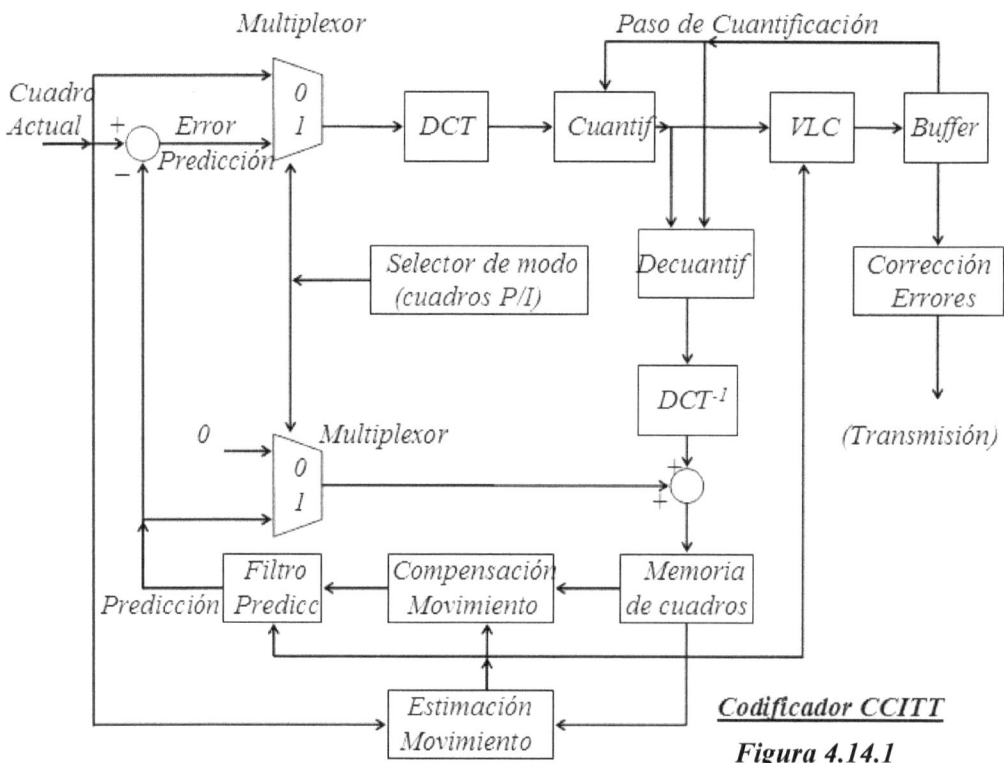

Codificador CCITT

Figura 4.14.1

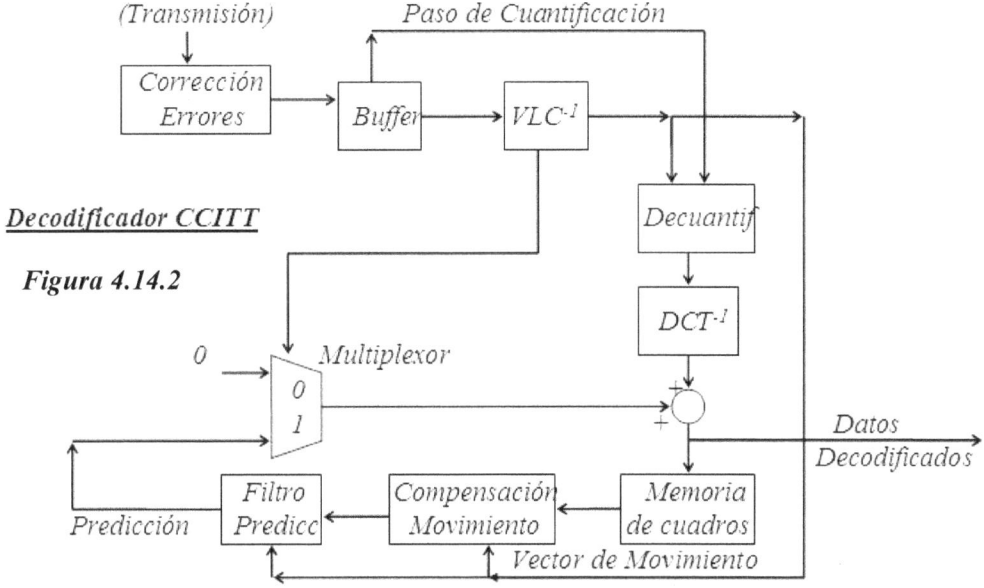

Decodificador CCITT

Figura 4.14.2

Mediante multiplexación y, a partir de un selector de modo, se elige si la codificación va a ser intracampo (lazo abierto), para cuadros-I, o codificación intercampo predictiva (lazo cerrado), para cuadros-P.

En el caso de codificación intracampo, se aplica *VLC* sobre los bloques *DCT* cuantificados con los valores de las muestras originales de la imagen a tratar.

Para la codificación intercampo se aplica *VLC*, sobre los bloques *DCT* cuantificados con los valores diferencia entre blanco y referencia, y sobre los vectores de movimiento estimados.

Los problemas que presenta el estándar *H.261 CCITT* surgen por la utilización de :

1- Vectores de movimiento estimados demasiado tarde. La compensación del movimiento sólo tiene en cuenta referencias pasadas en el tiempo.

2- Control del afinamiento de la cuantificación basado en un simple lazo de realimentación, controlado por el nivel de llenado de un buffer a la salida y a la entrada del codificador y del decodificador, respectivamente.

3- Propagación de errores, debido al emparejamiento que existe entre predicción y codificación. Antes de realizar una predicción hay que asegurarse de que se están utilizando cuadros decodificados correctamente.

En conclusión, la norma *H.261 CCITT* define un sistema de codificación-decodificación en tiempo real, con un retraso intrínseco máximo de 150 ms y, que ofrece un bit-rate de operación habitualmente bajo (64 Kbits/s), a costa de una también baja resolución. Sin embargo, es posible mejorar sobremanera la calidad de imagen de transmisión, permitiendo la utilización de niveles de hasta 2 MBits/s.

4.3 NORMA *H.263* (CCITT)

Recomendación de la *CCITT* que especifica un método de comunicación de señales de video de bajo bit-rate.

Un codificador *CCITT H.263* está basado, como el *H.261,* en un sistema *DCT* cuantificador intracampo , para cuadros-I, y en codificación intercampo predictiva , para cuadros-P.

Pero incluye algunas opciones avanzadas, como

❑ Precisión de medio-píxel en la compensación de movimiento.

❑ Vectores de movimiento sin restricciones.

❑ Codificación aritmética basada en sintaxis.

❑ Predicción avanzada basada en cuadros-PB (predicción Pasada y Bidireccional).

Además de los formatos de video *CIF* y *QCIF*, admite también *SQCIF*, *4CIF* y *16CIF*.

Vídeo Formato	Resolución Luminancia	Resolución Crominancia	H.261	H.263
SQCIF	128x96	64x48	Opcional	Incluido
QCIF	176x144	88x72	Incluido	Incluido
CIF	352x288	176x144	Opcional	Opcional
4CIF	704x576	352x288	-	Opcional
16CIF	1408x1152	704x576	-	Opcional

Comparativa entre Normas H.261 y H.263

4.4   ESTÁNDARD   *MPEG*

MPEG surge a través del esfuerzo hecho por la Organización Internacional para la Estandarización (*ISO*) por desarrollar un estándar en el campo de la video y audiodigitalización, bajo soporte de memoria digital de base media (*DSM*).

Se pretende originalmente que *MPEG* tenga aplicación sobre almacenamiento medio del tipo, CD-ROM, DAT (cassette audiodigital), Discos Winchester y Discos Ópticos Regrabables, así como, que sea adecuado para redes de computación y telecomunicación, como LANs (Redes de Área Local), líneas telefónicas para transmisión de vídeo ISDN y otras, como WANs (Redes de Área Extendida).

MPEG hace relación no sólo a la compresión de las señales de video, definidas inicialmente a un bit-rate de 1.5 Mbits/s, sino también a la compresión de las señales de audio asociadas, tratadas habitualmente según la tecnología MUSICAM a 64, 128 y 192 Kbits/s por canal, además de a la sincronización y multiplexación (entremezclado) de los flujos de bits (streaming) que constituyen a ambas.

Estándar *MPEG* establece como requerimiento para cualquier aplicación, el obtener una calidad de imagen aceptable con un bit-rate máximo en la compresión de las señales de audio-video de 1.5 MBits/s.

Con el fin de evitar duplicación de trabajo entre comités de estandarización, así como de compatibilizar actividades, dentro del campo del tratamiento digital de la imagen, *MPEG* se ha servido de lo ya existente para desarrollar el fondo del estándar.

1- Estándar *JPEG* . En principio no hay gran diferencia entre imágenes estáticas e imágenes en movimiento. Una secuencia de video se puede considerar como una secuencia de imágenes estáticas codificadas individualmente y, posteriormente, proyectadas de forma secuencial con una frecuencia determinada (video-rate).

Este método presenta el inconveniente de que sólo elimina la redundancia espacial, al ser un proceso intracuadro, no teniendo en cuenta la correlación entre cuadros, es decir, la redundancia presente en las secuencias de video. *MPEG* utiliza el tratamiento de la redundancia espacial de *JPEG*, pero además considera la redundancia temporal introducida por el movimiento dentro de los cuadros.

2- *H.261* CCITT . Estándar *MPEG* ha optado por mantener la compatibilidad con esta norma, introduciendo cambios para mejorar la calidad y satisfacer las necesidades de las aplicaciones asociadas.

3- Actividades del CMTT/2 . CMTT es la unión del CCITT con el CCIR (Comité Internacional para la RadioTeleTransmisión). La compresión videodigital se puede utilizar, no sólo en videotelefonía y videoconferencia, sino también para transmisión de señales de televisión. Esta está basada en canales digitales de alto nivel a 34 Mbits/s y 45 Mbits/s, de cuyos procesos de compresión se encarga la CMTT/2. *MPEG* tiene en común alguna de las soluciones tecnológicas propuestas por este comité, pero los anchos de banda y problemas a resolver son muy diferentes.

El sistema *MPEG* es un estándar genérico, lo cual significa que el estándar es independiente de cada aplicación en particular. *MPEG* establece una serie de requerimientos generales que deben cumplir las aplicaciones, para poder utilizar el procedimiento de audio-vídeo compresión; pero nunca hace referencia a cómo se deben construir los codificadores y decodificadores. Son los usuarios quienes deben pronunciarse sobre las características técnicas, por lo que en este sentido el estándar proporciona una vía abierta para el desarrollo del método.

En la vídeo compresión, habitualmente, se hace distinción entre aplicaciones simétricas y aplicaciones asimétricas. Las primeras son aquellas que hacen el mismo uso temporal de la compresión, que de la descompresión; típicamente incluyen, videoconferencia, videoteléfono, videocorreo.

En el caso de las aplicaciones asimétricas la compresión se efectúa una sóla vez, mientras que el proceso de descompresión es parcial y de uso frecuente; son comunes aplicaciones asimétricas las publicaciones electrónicas (videotexto), videojuegos y películas.

Los tipos de aplicaciones, así como, los requerimientos para la vídeo compresión sobre la base del almacenamiento digital medio DSM, imponen la naturaleza de la solución a utilizar.

Según esto, las necesidades impuestas sobre el algoritmo de compresión *MPEG* son:

- Acceso Aleatorio - El flujo de la señal audio-video comprimida debe ser accesible en cualquier parte de la secuencia. Para ello, deben existir puntos de acceso, es decir, segmentos de información codificados sólo con referencia a sí mismos.

- Búsqueda Rápida Adelante/Atrás - Escaneo del flujo comprimido accediendo a determinados puntos de acceso a partir de los que se selecciona imágenes y bloques dentro de cada imagen, con los que se obtiene un efecto de proyección rápida hacia adelante o hacia atrás. Por ejemplo, sería común recoger dentro del flujo comprimido de los bloques de 8x8 sólo el coeficiente más característico para decodificar, esto es, el valor *DC* .

- Proyección hacia Atrás - No es imprescindible en todas las aplicaciones, consiguiéndose normalmente con un coste adicional mínimo de memoria.

- Sincronización Audio-Visual - La señal de video debe estar sincronizada con precisión sobre la fuente de audio que exista asociada a ella. El sistema va a permitir, además, resincronizar dos señales audio-video temporalmente desfasadas, y mezclar mediante integración múltiples señales de audio y video.

- Previsión de Errores - Los sistemas *DSM* y canales de comunicación en red no se ven libres de la transmisión de errores. La estructura de codificación *MPEG* debe permitir la existencia de estos errores y, evitar el comportamiento catastrófico en caso de su presencia.

- Retraso en la Codificación/Decodificación - En videotelefonía debe ser inferior a los 150 ms, conseguido ya con la norma *H.261*. En otro tipo de aplicaciones, como las publicaciones electrónicas es permisible un retraso total de hasta 1 segundo.

- Flexibilidad del Formato - En términos de tamaño del rastreo (ancho, alto) y del "frame-rate".

- Coste Comercial - Los algoritmos solución propuestos deben poder implementarse con un número mínimo de chips de tecnología convencional. Además, el proceso de codificación debe poder efectuarse en tiempo real.

Los requerimientos de calidad impuestos para el estándar *MPEG* suponen que un nivel de compresión alto, no se puede conseguir utilizando sólo codificación intracuadro, a pesar de que el acceso aleatorio se obtiene mejor con codificación de este estilo.

El algoritmo de compresión *MPEG* está basado en codificación intracuadro *JPEG* (*DCT*), para la reducción de la redundancia espacial, en combinación con dos técnicas de codificación intercuadro, para el tratamiento de la redundancia temporal mediante la compensación del movimiento : predicción e interpolación.

Redundancia Temporal : *MPEG* trabaja con tres tipos de cuadros[2]: cuadros-I o intracuadros, cuadros-P o imágenes predecibles a partir de una referencia pasada y cuadros-B o imágenes de predicción bidireccional, a partir de referencias pasadas y futuras.

---

[2]   Además del tipo de cuadro-*DC*, usado para búsqueda rápida y donde sólo se tienen en cuenta los coeficientes *DC*.

Los cuadros-I proporcionan puntos de acceso para el acceso aleatorio, pero a costa de un nivel de compresión moderado.

Los cuadros-P se codifican a partir de una imagen de referencia pasada, que bien puede ser un cuadro-I o un cuadro-P, y van a servir normalmente como referencia futura para la predicción de otras imágenes.

Los cuadros-B permiten el rango de compresión más alto, definidos a partir de dos imágenes de referencia, una pasada y otra futura. Los cuadros bidireccionales nunca se utilizan como referencia. En cualquier caso, cuando una imagen se codifica a partir de una referencia, se genera un vector de movimiento que se usa para mejorar el nivel de codificación.

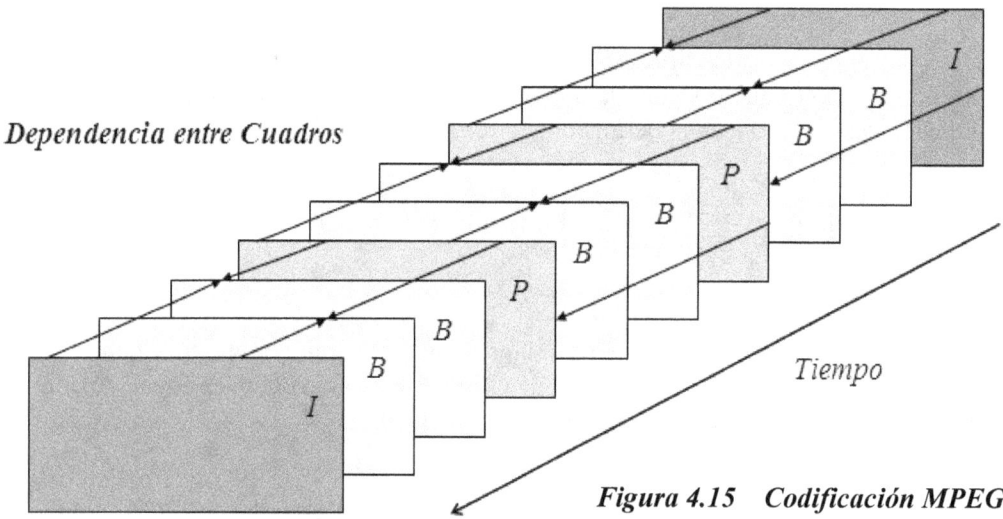

Figura 4.15   Codificación MPEG

Para el caso propuesto, se tiene un intracuadro cada 9 cuadros y un nivel de interpolación de imágenes bidireccionales de, 2 de cada 3. Se obtendría el siguiente rango de compresión media :

Cuadro	Tamaño	Compresión
I	18 KB	7 a 1
P	6 KB	20 a 1
B	2.5 KB	50 a 1
Media	5 KB	27 a 1

La compensación del movimiento se consigue utilizando dos técnicas de codificación intercampo:

Por un lado, ***Predicción*** del mismo modo que en la norma *H.261* CCITT. Es decir, se codifica la diferencia entre la referencia y el blanco y, además, la información del movimiento entre ambas a partir de un vector.

Por otra parte, ***Interpolación Temporal o Predicción Bidireccional***, basada en la combinación de una referencia pasada y una referencia futura, cuyo valor medio se utiliza para generar una señal de error (diferencia con el blanco), codificada junto a dos vectores de movimiento diferentes , uno para cada sentido temporal.

Para mejorar la codificación, se permite especificar los vectores de movimiento con fracciones de medio píxel.

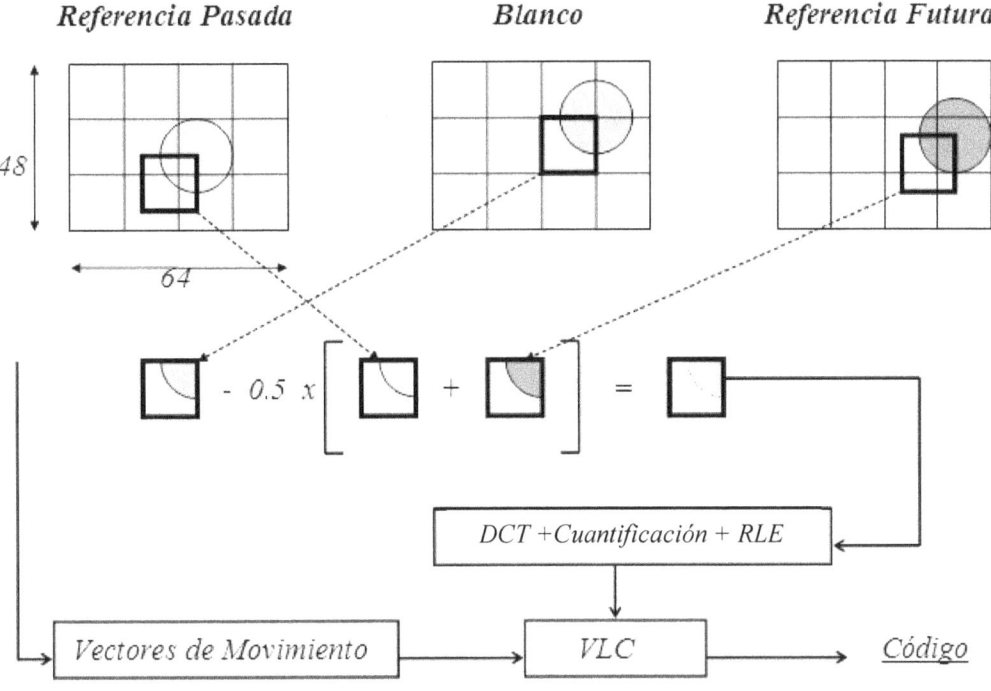

*Figura 4.16   **Codificación Intercampo***

Con la predicción bidireccional se consiguen avances importantes, como mejora en el acceso aleatorio, reducción de errores y, en definitiva, una contribución en la calidad de imagen, definida a partir de ciertas ventajas como :

- Trata adecuadamente áreas no cubiertas por objetos, imposibles de predecir a partir de una referencia exclusivamente pasada.

- Se dispone de mayor cantidad de información, por lo que hace mejor uso de las propiedades estadísticas, pudiendo disminuir el efecto del ruido introducido por falta de datos.

- No existe error de propagación, al tener la posibilidad de desemparejar la predicción de la codificación.

- No es posible incrementar todo lo que se quiera el número de cuadros-B entre referencias, ya que con el aumento de este número va decreciendo la correlación entre cuadros-B, así como, la correlación entre referencias. Es normal utilizar un formato del tipo, I B B P B B P B B I B B P B B . . .

Para el tratamiento del movimiento, su estimación y compensación, se trabaja con macrobloques de 16x16 pixels (para luminancia), existiendo por cada uno, uno o dos vectores de movimiento, dependiendo del tipo de macrobloque.

En el caso más general y habitual de un cuadro codificado bidireccionalmente, un macrobloque puede ser del tipo I (Intra), P de Predicción hacia Adelante, P de Predicción hacia Atrás o B de Predicción Media.

La expresión para el predictor de un macrobloque dado, depende de las imágenes de referencia, pasadas y futuras, así como de los vectores de movimiento asociados : si se considera el punto A como la coordenada de posición (x,y) origen del elemento de imagen, v_{01} el vector de movimiento relativo a la imagen de referencia pasada I_0 , y v_{21} el vector de movimiento relativo a la imagen de referencia futura I_2 , los modos de predicción para un macrobloque de un cuadro-B pueden ser,

Tipo Macrobloque	Predictor	Error de Predicción
Intra	$I_1'(A) = 128$	$I_1(A) - I_1'(A)$
Predicción Adelante	$I_1'(A) = I_0'(A + \overline{v_{01}})$	$I_1(A) - I_1'(A)$
Predicción Atrás	$I_1'(A) = I_2'(A + \overline{v_{21}})$	$I_1(A) - I_1'(A)$
Predicción Media	$I_1'(A) = 0.5[I_0'(A + \overline{v_{01}}) + I_2'(A + \overline{v_{21}})]$	$I_1(A) - I_1'(A)$

(Los valores denotados con apóstrofe ' , hacen referencia a predicciones).

Los datos de movimiento consisten entonces en un vector para predicción de macrobloques hacia delante, un vector para predicción de macrobloques hacia atrás y dos vectores para predicción bidireccional de macrobloques. Sólo en el predictor intracuadro no existe información de movimiento.

El que se elija un predictor u otro depende de como sea de grande el error de predicción en cada caso. Normalmente , la señal de error más pequeña tiene que provenir del predictor medio bidireccional, a no ser que sea difícil ajustar el macrobloque futuro o el pasado (o los dos) con el actual. En este caso, si falla uno de los dos ajustes, se busca la señal de error del predictor hacia delante (o atrás) y, sólo se usa el predictor intracampo, si el ajuste con el macrobloque actual es difícil con ambos macrobloques pasado y futuro.

Finalmente, la información de movimiento asociada a cada macrobloque se codifica diferencialmente respecto de la información de movimiento presente en el macrobloque previo anterior.

Redundancia Espacial : La técnica para desarrollar compresión intracampo es esencialmente común a los tres estándar, *JPEG* en la codificación estática de imágenes, *H.261 CCITT* para videotelefonía y, en *MPEG* para imágenes con movimiento.

Los tres sistemas han elegido para eliminar la redundancia espacial un sistema basado en bloques *DCT* cuantificados. Fundamentalmente, consiste en cuatro etapas :

1. computación de los coeficientes de la transformada ;
2. cuantificación de los coeficientes *DCT* ;
3. conversión de los coeficientes *DCT* cuantificados en pares (repetición ,valor) codificados RLE, tras una ordenación secuencial en zig-zag ;
4. codificación *VLC*.

La cuantificación de los coeficientes *DCT* es la operación clave en el tratamiento de la redundancia espacial, por dos razones : junto con la codificación (*RLE + VLC*) genera la mayor contribución sobre el nivel de compresión total ; además, es a partir de la cuantificación, que el codificador puede ajustar su salida a un bit-rate dado. Una forma de mejorar considerablemente la calidad de imagen es utilizar cuantificación adaptativa, en función de las características psicovisuales de los datos que van llegando a esta etapa.

Estándar *MPEG* utiliza codificación de imágenes intracuadro, como en *JPEG*, pero también, imágenes codificadas diferencialmente, como en *H.261 CCITT*. Esto significa que ha de tener en cuenta las características de ambos estándar, en principio diferentes, sobre todo en la etapa correspondiente a la cuantificación de los coeficientes *DCT*.

Los datos procedentes de bloques intracuadro deben cuantificarse de forma diferente, a los que resultan de una predicción o de una interpolación (cuadros-P y cuadros-B).

Los bloques de cuadros-I, tras la *DCT*, contienen energía (información significante) en todas las frecuencias, siendo muy sensibles a la cuantificación ; esto es, una mínima modificación sobre los niveles de cuantificación puede producir una pérdida de energía importante.

Por otro lado, los bloques basados en señales diferenciales, tipo P o B, contienen, tras la *DCT*, predominantemente altas frecuencias, por lo que la variabilidad en la cuantificación les afecta mucho menos. Esto se debe a que el proceso de codificación es capaz de predecir con precisión las bajas frecuencias, lo cual se traduce en que el contenido en bajas frecuencias en la señal de error de predicción es mínima.

Todo esto se traduce en que la codificación de los bloques utiliza dos tipos diferentes de estructuras de cuantificación : ambos cuantificadores son normalmente uniformes, usando un paso de cuantificación constante, pero su comportamiento alrededor del valor cero es distinto.

Para bloques intracampo se aplican cuantificadores sin zona muerta ; es decir, la región de valores de entrada a la que le corresponde un nivel de cuantificación cero es más pequeña que el paso de cuantificación utilizado. En los bloques intercampo existe una gran zona muerta en el cuantificador.

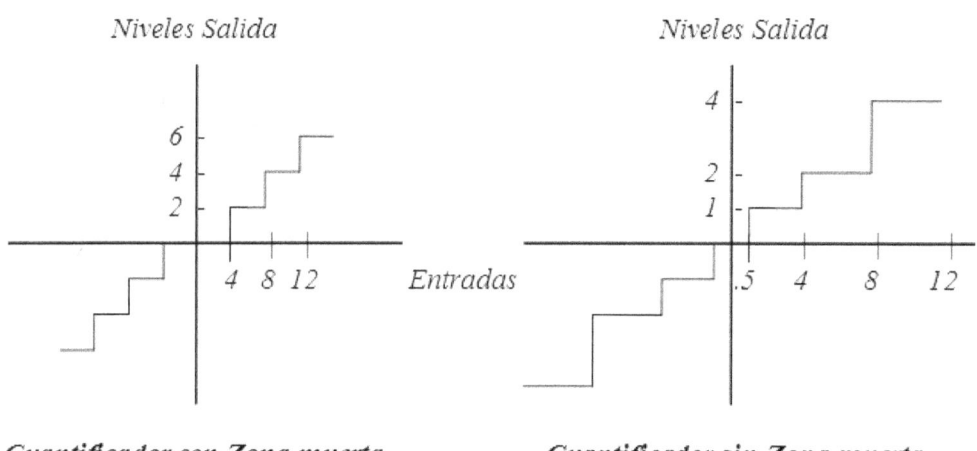

Cuantificador con Zona muerta
(Bloques Intercampo)

Cuantificador sin Zona muerta
(Bloques Intracuadro)

Figura 4.17   Tipos de Cuantificadores

Como en los otros dos estándar, *MPEG* define una estructura sintáctica basada en capas, para separar las entidades en el flujo de bits que son lógicamente distintas. Además, con ello se previene la ambigüedad, y se facilita el proceso de decodificación.

Por contraposición con *JPEG* y *H.261* CCITT y, con vistas a proporcionar robustez, es decir, capacidad de resincronización después de la pérdida o corrupción de datos, fuente de errores permanentes, las imágenes se segmentan en "rodajas"; a diferencia de los *GOB* en *H.261*, estas no son de tamaño fijo, sino que sus dimensiones se definen de forma aleatoria dentro de una imagen concreta.

En general, la sintaxis del flujo de datos en *MPEG* se diseña de modo que se adapte a todos los requerimientos del estándar como, acceso aleatorio, búsqueda rápida, proyección hacia delante y hacia atrás, etc.

El flujo de datos de la señal de video *MPEG* está constituido por 6 capas, cada una de las cuales tiene una función diferente :

Capa	*Función de la Unidad*
Secuencias	*Acceso Aleatorio de Contexto*
Grupo de Imágenes	*Acceso Aleatorio a la Codificación de Vídeo*
Imágenes	*Codificación Primaria*
Rodajas	*Resincronización*
Macrobloques	*Compensación del Movimiento*
Bloques	*Codificación DCT*

1- Información de Secuencia -

VPs define los videoparámetros de la secuencia como, anchura, altura y resolución de la imagen, y transmisión de cuadros por segundo.

Los parámetros del flujo de la señal (*PFs*) contienen el bit-rate, el tamaño del buffer, que especifica el mínimo buffer necesario para decodificar el flujo de bits, y la bandera de parámetros forzados, para la indicación de que se está utilizando un flujo de bits en los límites de los requerimientos del buffer y retrasos de codificación.

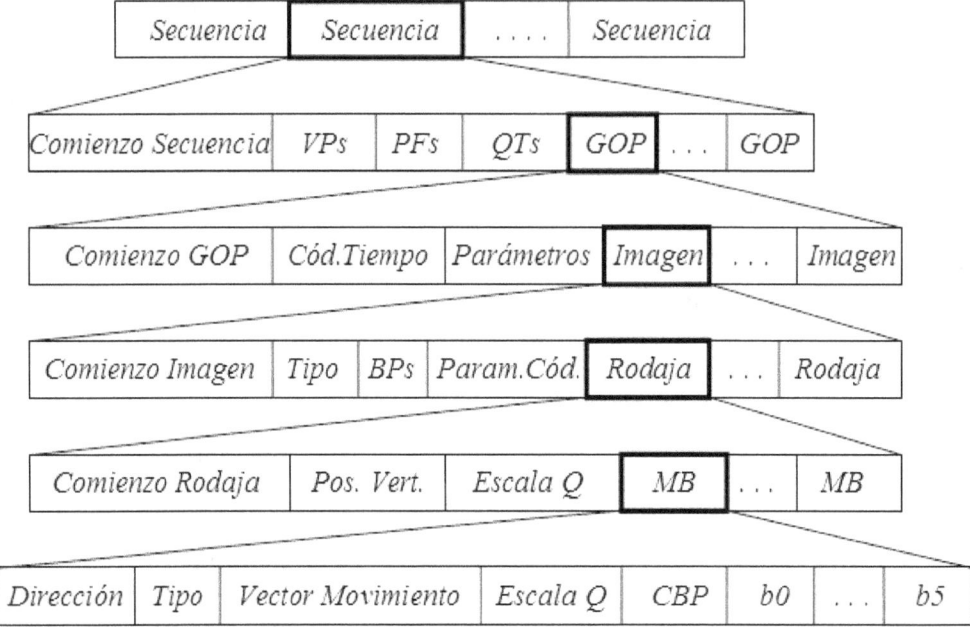

Figura 4.18   Sintaxis MPEG

MPEG define un conjunto de parámetros forzados, que indican los límites de los requerimientos del sistema :

- Tamaño Horizontal ≤ 720 pixels

- Tamaño Vertical ≤ 576 pixels

- Nº Total de Macrobloques/imagen ≤ 396

- Nº Total de Macrobloques/segundo $\leq 396*25 = 330*30$

- Transmisión de imagen ≤ 30 cuadros/segundo

- Bit-Rate ≤ 1.86 MBits/s

- Buffer Decodificador ≤ 376832 bits

En una secuencia se envían dos tipos de tablas de cuantificación (*QTs*) : una para bloques intracuadro y otra para bloques intercuadro.

2- Información de Grupo de Imágenes (*GOP*) -

El código de tiempo muestra la posición temporal del *GOP* en, horas, minutos, segundos y n° de cuadro. Existe un campo de bits para Parámetros del *GOP* que describen su estructura.

3 - Información de Imagen -

Hay que mencionar en cada imagen el Tipo de cuadro de que se trata : I, P o B.

Los parámetros del buffer indican como de lleno debe estar como máximo el buffer del decodificador, antes de empezar el proceso de decodificación de esta imagen. Con los Parámetros de Código se sabe si se utilizan vectores de movimiento con precisión de medio píxel.

4 - Información de Rodaja -

Es importante definir el comienzo de cada rodaja dentro del cuadro, mediante su Posición Vertical. Cada rodaja posee un factor de escala particular sobre la tabla de cuantificación, para poder afinar en esta etapa de compresión.

5 - Información de Macrobloque -

Cada macrobloque lleva una dirección de incremento para poder acceder directamente a la información de uno en concreto. En caso de que interese definir un macrobloque nuevo completo, la dirección de incremento será cero.

El *Tipo* denota si el macrobloque es intracuadro o intercuadro.

Si el macrobloque es intercuadro existirá *Vector de Movimiento* y, entonces, habrá que especificar la clase. En cada macrobloque existe la posibilidad de afinar aún más sobre el nivel de cuantificación utilizando un factor de escala particular para cada uno. Con el patrón *CBP* se indica cuales de los 6 bloques de un macrobloque están presentes codificados.

Estándar *MPEG* define sólo la sintaxis del flujo de señales y los procesos de codificación/decodificación. Los fabricantes tienen entera libertad para hacer uso de la flexibilidad del estándar y diseñar codificadores de alta calidad y decodificadores de bajo coste.

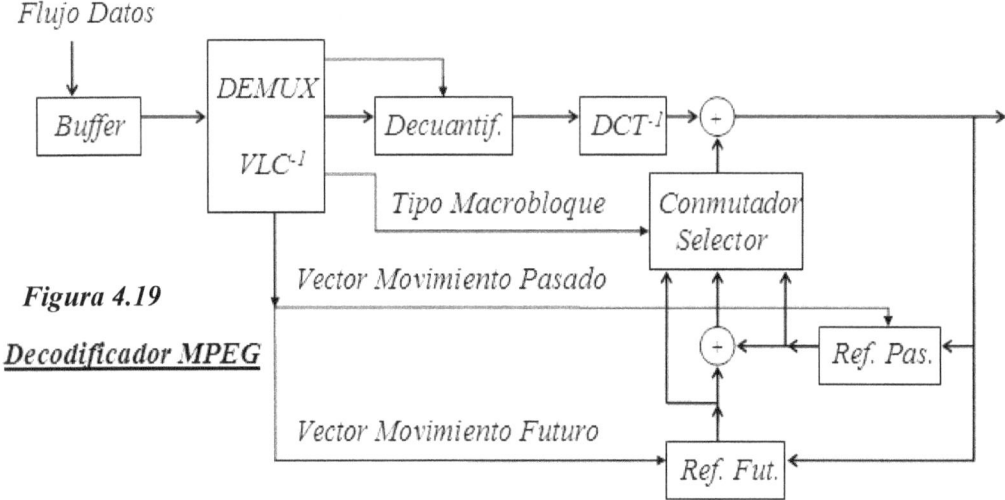

Figura 4.19

Decodificador MPEG

Las previsiones de desarrollo *MPEG* hacia futuras ampliaciones del estándar, dieron lugar a la clasificación de los sistemas *MPEG-1, MPEG*-2, *MPEG*-3 y *MPEG*-4.

MPEG-1 es el estándar para almacenamiento y vídeo señales, en general, sobre equipos individuales. Usado posteriormente como norma para CD de vídeo. *MPEG-2* se define como estándar para la TV digital, cumpliendo con los requerimientos exigidos para HDTV y DVD.

En la tabla siguiente se especifican las características principales de *MPEG-2* .

Formato	Nivel	Vídeo-Parámetros (PAL)	Bit-Rate de Compresión	Aplicación
SIF	Bajo	352x288 a 30 Hz	4 Mbit/s	SDTV
CCIR 601	Medio	720x576 a 30 Hz	15 Mbit/s	EDTV
HDTV	Alto-1440	1440x1152 a 60 Hz	60 Mbit/s	HDTV
Full HDTV	Alto	1920x1152 a 60 Hz	80 Mbit/s	Producción HD

Un decodificador que cumple con el estándar *MPEG*-2, debe ser capaz de reproducir también *MPEG*-1 . *MPEG-2* difiere de *MPEG*-1 en que :

1- Realiza la búsqueda para compensación del movimiento no sólo entre cuadros, sino además entre campos.

2- Se utilizan macrobloques definidos por submuestreo 4:2:2 y 4:4:4 , además de 4:2:0.

3- Las dimensiones límite de los cuadros son 16383x16383 pixels.

4- Los factores de escala para cuantificación de macrobloques son no lineales.

5- Codificación escalable, de modo que el mismo conjunto de señales pueda funcionar tanto en *HDTV* (High Definition), como en *EDTV* (Enhanced) o *SDTV* (Estándar):

• Escalabilidad en la Relación Señal-ruido (SNR): similar al modo *JPEG* Progresivo, ajustando los pasos de cuantificación a los coeficientes *DCT*.

• Escalabilidad Espacial: similar al modo *JPEG* Jerárquico, usando múltiples resoluciones espaciales.

• Escalabilidad Temporal: utilizando diferentes "frame-rates".

MPEG-3 se diseñó originalmente para el tratamiento de HDTV con un bit-rate de compresión de entre 20 a 40 Mbits/s, pero posteriormente, se ha solapado dentro de *MPEG*-2 , por producir éste resultados similares.

MPEG-4 estaba basado en aplicaciones blanco de 176x144 pixels a 10 Hz y, con un bit-rate de muy bajo rango comprendido entre 4800 y 64000 bits/segundo. Es una extensión de *MPEG-1* con el fin de poder manejar "*objetos*" de vídeo/audio, contenido 3D y soporte para gestión de la protección de "copyright" .

Ahora *MPEG*-4 se ha convertido en un formato estándar de codificación de video diseñado principalmente para transmisión de video a baja velocidad, aunque es actualmente mas eficiente que el *MPEG*-2 a velocidades de DVD y HDTV.

Utiliza bit-rates del orden siguiente,

• Vídeo: 5 Kbit/s a 5Mbit/s.

• Audio: 2 Kbit/s a 64 Kbit/s.

MPEG-4 proporciona multimedia avanzado con sus *media objects*, o *visual objects*: *VOP* (Plano del Vídeo Objeto),

- Los objetos pueden cambiar de forma arbitrariamente, pudiéndo solaparse o no unos con otros.

- Soporta contenido escalable.

- Soporta objetos interactivos.

- Canales de audio individuales pueden asociarse con los objetos.

El DVD usa habitualmente codificación de video *MPEG-2* . Los lectores de DVD estándar no reconocen el formato *MPEG-4*.

MPEG-7 es un estándar para representación de contenido multimedia, a efectos de búsquedas, filtrados, gestión y procesamiento. Basado en reglas que especifican,

- *Descriptores* para objetos multimedia.

- *Esquemas de Descripción* para los Descriptores y sus interrelaciones.

- Un *Lenguaje para Definición de Descripciones DLL*, específico para los Esquemas de Descripción.

- Los *contenidos visuales*, a nivel más bajo de descripción, serán el color, la forma, textura, tamaño, ..; mientras que el nivel más alto de descripción viene dado por una semántica de contextos del tipo, por ejemplo, *"esta es una escena de ... que se desarrolla en .."*

Con *MPEG-7* se trata de disponer de un método rápido y eficiente para realización de búsquedas, filtrados e identificación de contenidos específicos. Para ello, se encarga de etiquetar los contenidos multimedia usando "metadatos" que describen los registros con un alto grado de detalle. Es capaz de manejar información del tipo voz, audio, vídeo, imágenes, gráficos, modelos en 3D, así como, de indexar una gran cantidad diferente de aplicaciones. De este modo, permite que seamos capaces de realizar búsquedas complejas en bases de datos, donde los registros estén correctamente etiquetados con *MPEG-7*.

MPEG-21 pretende ser un marco de intercambio de contenido de multimedia legítimo. Esto es, establece de forma clara quienes van a ser los participantes en cualquier transacción comercial dentro del mercado de las comunicaciones digitales.

5 CODIFICACION POR NIVELACION

Se incluye como adenda a la recopilación de procedimientos para compresión de datos del presente trabajo un nuevo proceso de codificación sin pérdida tipo *VLC*, denominado *Codificación Nivelada o por Nivelación*.

Usualmente, el sistema *VLC* más comúnmente utilizado es la *Codificación Huffman*, que si bien minimiza la media de bits/pixel, satisfaciendo la regla del prefijo, presenta cierta inconsistencia en cuanto a que define códigos con una carencia total de significado propio [1].

5.1. Proceso de Codificación por Nivelación

Supuesto un archivo que contiene una serie de caracteres (símbolos) *b*, cada uno de los cuales se caracteriza por una frecuencia de aparición que da lugar a una probabilidad de ocurrencia *P(b)*.

Se crea una tabla de ocurrencias ordenada de mayor a menor con un total de *i* símbolos. Σ es la suma total de todas las ocurrencias o número de caracteres del texto considerado (ver *Tabla 1*).

La *Codificación por Nivelación* asigna una palabra binaria a cada símbolo con significado propio, siguiendo una ordenación numérica. Al igual que Huffman, se trata de un *VLC* que minimiza la media de bits/símbolo, satisfaciendo la regla del prefijo y que se caracteriza por una media de longitud de palabra, tal que :

$$H(B) \leq \overline{L}_1 \leq H(B) + 1 \quad \text{bits/carácter} , \quad \text{con } \overline{L}_1 \geq 1 \text{ bits/carácter}$$

Por tanto, y como la codificación por nivelación va a tratar con probabilidades de ocurrencia de caracteres de forma individual [2], como con Huffman, se tiene que ambas codificaciones se caracterizan por misma entropía y parecido tamaño del flujo de bits total, generado de maneras diferentes.

---

[1] Más adelante se explican las razones de esta aseveración y los inconvenientes asociados a ella.

[2] No tiene en cuenta la correlación que pueda existir entre símbolos. Por ejemplo, más de un carácter de mismo valor repetido sucesivamente varias veces seguidas.

Caracter	Ocurrencia (P(%))	Huffman	Canonical Huffman	Código Nivelado	Significado
g	14 (36)	11	10	00	0
h	10 (26)	10	11	01	1
b	7 (18)	011	001	10	2
d	3 (7.7)	010	010	110	6
e	3 (7.7)	001	011	1110	14
c	1 (2.6)	0001	0000	11110	30
a	1 (2.6)	0000	0001	11111	31
	$\Sigma = 39$	95 bits	(2,3,2)	93 bits	(3,1,1,2)

Tabla 1. Codificación de caracteres que aparecen en un texto ejemplo cualquiera.

Ahora bien, resulta importante tener en cuenta que cuando se realiza la codificación de ciertos símbolos (caracteres o pixels), el receptor debe obtener no sólo el código en forma de flujo de bits, sino además la tabla de codificación necesaria para la decodificación final. La tabla transmitida, normalmente consta de dos vectores (o matriz con dos columnas) : uno contiene los símbolos (o valores pixel) y el otro, el código correspondiente asociado (con indicación de la longitud de cada código o palabra).

Utilizando Huffman el tamaño de los dos vectores es tal que siempre el *vector código* es igual de largo que el *vector símbolos* (contienen el mismo número de elementos), ya que el código no tiene ningún tipo de ordenación, ni significado, por lo que debe transmitirse íntegro.

La *Codificación por Nivelación* va a utilizar tablas con un *vector código reducido* (también Canonical Huffman) más corto que el *vector símbolos*, aprovechando el concepto de significado transmitido en este primero, por lo que las tablas van a ocupar menos *bytes* en conjunto que en el caso Huffman.

En la codificación por nivelación el código reducido se va a transmitir en un vector que se va a nombrar como *c(j)* , que contiene :

- Para $j=0$, la longitud de palabra del primer código *Lon_Ini* . Aunque no es absolutamente necesario su transmisión (no se va a usar).

- A partir de $j=1$, el número de códigos existentes en cada **nivel**. Se entiende por *nivel* una determinada longitud de palabra, cumpliéndose siempre que todo *nivel* será mayor o igual que *Lon_Ini* . Por ejemplo, la palabra 1110 pertenece al *nivel_4*.

Relacionando *Lon_Ini* con el **número máximo de códigos en el primer nivel** (**NMCP**), este vale $2^{Lon\_Ini}-1$, es decir:

Lon_Ini	1	2	3	4	5	..
NMCP	1	3	7	15	31	..

En el archivo de texto propuesto como ejemplo , el vector *c(j)* valdrá :

$$c(j) = (3, 1, 1, 2) \text{ con } j=1,2,3,...$$

que significa que, la longitud del primer código es 2; en el nivel_2 hay 3 códigos, en el tres hay 1, en el cuatro hay 1 y en el nivel_5 hay 2 códigos [3].

Encajando el vector *c(j)* con el *NMCP (1,3,7,15,..)*, tal que todos los códigos de *c(j)* sean menor o igual que los correspondientes del NMCP, se observa que hay que desplazarlo a la derecha en una posición , por lo que para el primer nivel de *c(j)* se obtiene un *Lon_Ini=2* . Ver resultado en la Tabla siguiente.

Lon_Ini	1	2	3	4	5	..
c(j)	→	3	1	1	2	
NMCP	1	3	7	15	31	..

El *código nivelado* del ejemplo se puede obtener gráficamente, colocando secuencialmente sobre una barra cada uno de los símbolos con una longitud proporcional a sus probabilidades de ocurrencia (*Figura 5.1*).

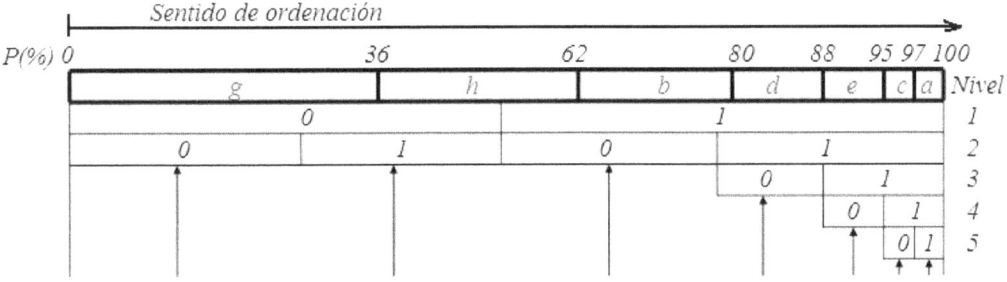

Figura 5.1 Representación gráfica de probabilidades de ocurrencia por Nivelación

---

[3]   En la decodificación del vector *c(j)* se entenderá el significado exacto de estos números.

La barra se va segmentando en forma binaria, de modo que van apareciendo niveles constituidos por 2, 4, 8, .., segmentos iguales. Se van añadiendo niveles hasta que se tenga una correspondencia de un símbolo por segmento.

> Un símbolo se considera dentro de un segmento si al menos la mitad de su ocurrencia lo está.

Para el ejemplo, se obtiene el primer código (00) para el símbolo *g* con una *Lon_Ini* de valor 2. En el nivel_2 hay 3 códigos, en el tres hay 1, ..

Gráficamente (ver *Figura 5.1*), se observa que para conseguir que a menor ocurrencia de un símbolo más largo sea su código, se debe cumplir lo siguiente:

- Si los códigos se ordenan por niveles de izquierda a derecha (códigos más cortos a la izquierda), la ordenación de símbolos por ocurrencia debe ser también de izquierda a derecha (ver sentido de ordenación).

Por otro lado, el *código Canonical Huffman* del ejemplo representado gráficamente, se puede ver en la (*Figura 5.2*).

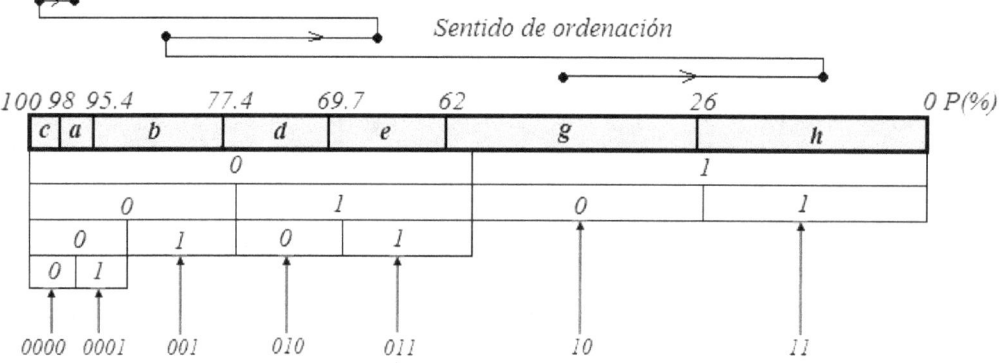

Figura 5.2 **Representación gráfica de probabilidades de ocurrencia por Canonical Huffman**

Canonical Huffman es un VLC más eficiente que Huffman al utilizar en la transmisión, como la nivelación, un código reducido indicativo del número de códigos que hay en cada nivel. Para el ejemplo, sería (2,3,2). Sin embargo, Canonical Huffman presenta los siguientes defectos frente a la Nivelación, que lo hacen presentar una eficiencia total algo inferior:

- Se trata de una reordenación de códigos respecto de los obtenidos con la codificación Huffman. Por tanto, requiere siempre de la codificación Huffman previa: no es un sistema de codificación VLC en sí, sino una etapa adicional a la codificación Huffman.

- La ordenación es sólo dentro de cada nivel (ver Figura 5.2) y con sentido contrario a como están ordenados los códigos: en el ejemplo puede verse que los códigos más largos están a la izquierda, pero los símbolos se ordenan hacia la derecha. Esto hace que los códigos obtenidos no tengan un significado de ordenación como con Nivelación: en el ejemplo se obtienen valores 2,3,1,2,3,0,1

Más adelante se van a desarrollar algunos ejemplos de codificación con comparativas entre procesos, donde se podrá ver la diferencia de efectividad práctica entre unos y otros.

5.2. Codificación y Generación del vector Código Reducido $c(j)$

En esta etapa hay que diferenciar claramente dos partes distintas, dadas por :

1. **Cálculo de la Longitud Inicial** : $c(j=0) = Lon\_Ini$

Los símbolos se consideran previa ordenación en frecuencias de mayor a menor, tal y como se expresa en la tabla de ocurrencias del ejemplo anterior.

Teniendo en cuenta que Σ representa la suma total de las ocurrencias :
- Se considera que un símbolo está dentro de $\Sigma/2$, si al menos la mitad de su frecuencia está en $\Sigma/2$.
- Lon_Ini se define de acuerdo a los valores propuestos en la *Tabla 2*, que indica el número de códigos contenidos en $\Sigma/2$.

Nº símbolos en $\Sigma/2$	Lon_Ini
1	1
2 a 3	2
4 a 7	3
8 a 15	4
.....	...
2^{i-1} a 2^i-1	i

Tabla 2.   Determinación de Lon_Ini

2. **Cálculo del Nº de símbolos por nivel** : el algoritmo a seguir es,

    (a) Inicialización : $j=1$ y $d=$Lon_Ini . b representa el valor del símbolo actual ; $b+1$ es el símbolo siguiente.

    (b) Hacer, $d=(2*d)$, $c(j)=0$. Dividir $\sum$ en d partes. En cada parte :

$$
\begin{cases}
\text{Si } [P(b)<1/d \text{ y } (P(b) + P(b+1)/2>1/d)] \text{ o } [P(b) \ge 1/d] \text{ hacer,} \\
\quad c(j)=c(j)+1 ; \\
\quad P(b+1)=P(b+1)+P(b)-1/d ; \\
\quad \text{Eliminar código actual } b : b=b+1 \text{ y } b+1= \text{siguiente código;} \\
\quad \text{Siguiente parte;} \\
\text{sino hacer,} \\
\quad j=j+1 ; \text{volver (b)} \\
\text{Fin si.}
\end{cases}
$$

5.3. Decodificación del vector Código Reducido $c(j)$

En el receptor el vector $c(j)$ se transforma en el vector de tamaño i (número de símbolos de la tabla) $m(i)$, que contiene los códigos con significado para la decodificación del flujo de bits procedente de la transmisión.

En la transformación de $c(j)$ en $m(i)$ hay que tener en cuenta las siguientes reglas de tratamiento :

- Siempre $m(i=1)=0$.

- Para la continuación dentro del mismo nivel : $m(i)=m(i-1) +1$.

- Al saltar de nivel : $m(i) = [m(i-1) + 1] * 2$

  Para el ejemplo propuesto anteriormente,

$$c(j) = (3, 1, 1, 2)$$

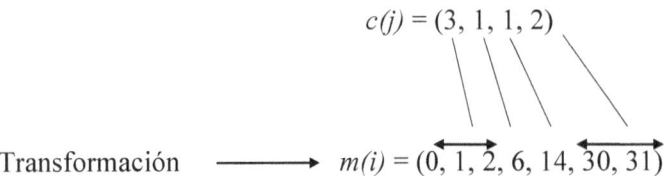

Transformación   ⟶ $m(i) = (0, 1, 2, 6, 14, 30, 31)$

En la transmisión de datos codificados *VLC* por nivel se envía el flujo de bits código, más el vector símbolos y el vector código reducido *c(j)*.

La ventaja fundamental del código nivelado frente al código Huffman está en que el primero define un vector de código de longitud mínima *j*, comparado con el que hay que utilizar con Huffman, donde si existen *i* símbolos (*j<i*) , se obtiene un vector de longitud *L* tal que,

$$i < L \leq 2i$$

Además, cuantos más elementos contiene el vector símbolos, mayor es la diferencia en el flujo de bits de código entre ambas Codificaciones, a favor de la Codificación Nivelada con un número total menor de bits.

5.4 Comparación de Codificaciones VLC

Supuesta una imagen como la de la *Figura 5.3*, con sólo 3 valores de cuantificación.

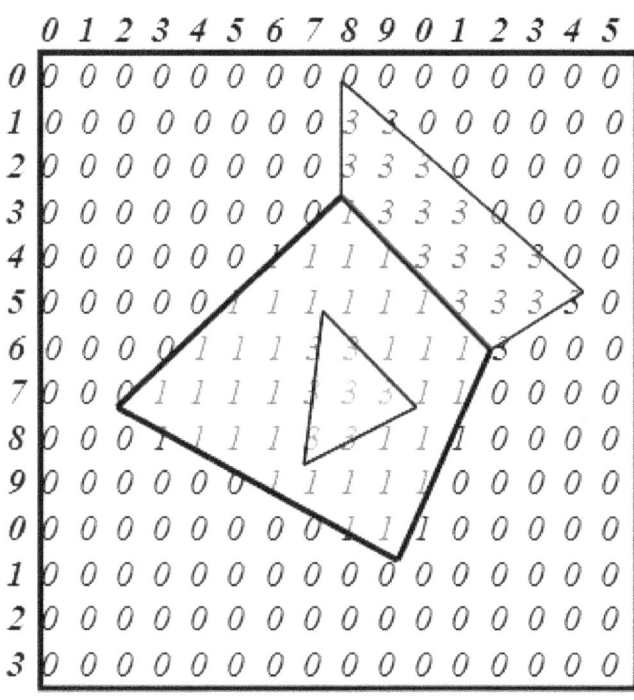

Figura 5.3
Imagen muestreada
de tamaño 16x14 pixels.

En función del tipo de codificación aplicada sobre la imagen ejemplo anterior se obtienen los siguientes resultados:

1. **Sin Codificación**: 224 bytes = 1792 bits .

2. **Codificación Huffman**: 286 bits + 9 bytes_Tabla[4] = 45 bytes = 358 bits .

Símbolo	Ocurrencia	P(Ocurrencia)%	VLC
0	162	72	1
1	38	17	01
3	24	11	00
	Σ = 224	100 %	286 bits

3. **Canonical Huffman** : 286 bits + 5 bytes_Tabla = 41 bytes = 326 bits .

4. **Codificación RLE** : 88 bytes = 704 bits .

   Dada por las ristras de pares (longitud, símbolo):

16,0,8,0,2,3,6,0,8,0,3,3,5,0,8,0,1,1,3,3,4,0,6,0,4,1,4,3,2,0,5,0,6,1,4,3,1,0,4,0,3,1,2,3,3,1,
1,3,3,0,3,0,4,1,3,3,2,1,4,0,3,0,4,1,2,3,3,1,4,0,6,0,5,1,5,0,8,0,3,1,5,0,16,0,16,0,16,0

5. **Codificación Nivelada** : 286 bits + 5 bytes_Tabla[5] = 41 bytes = 326 bits .

Símbolo	Ocurrencia	P(Ocurrencia)%	VLC	Significado
0	162	72	0	0
1	38	17	10	2
3	24	11	11	3
	Σ = 224	100 %	286 bits	c(j)=(1,1,2)

6. **Codificación Huffman + VLI**: 286 bits + 1 byte_VLI +3 bytes_Tabla =
   = 40 bytes = 318 bits .

   Aplicando asociación VLI a la tabla del Código Huffman dado en (2), se tiene
VLI=2, por lo que los 9 elementos de la tabla "caben" en 3 bytes (9x2=18 bits) .

---

[4] Por cada elemento de la Tabla hay que codificar la terna (*símbolo, longitud, código*), donde *longitud* es la del *código* asociado a cada *símbolo* .

[5] En la Tabla se codifican todos los *símbolos* y el *código reducido.*.

7. **Canonical Huffman + VLI**: 286 bits + 1 byte_VLI +2 bytes_Tabla= 38 bytes=
   = 304 bits.

8. **Codificación Nivelada + VLI**: 286 bits + 1 byte_VLI +2 bytes_Tabla =

   = 38 bytes = 304 bits.

Aplicando asociación VLI a la tabla del Código Nivelado dado en (4), se tiene VLI=2, por lo que los 5 elementos de la tabla "caben" en 2 bytes (5x2=10 bits) .

En este ejemplo y, como el número de símbolos es pequeño, sólo tres, no hay diferencia importante entre la Codificación Huffman y la Codificación Nivelada.

Ahora bien, en estos casos se aplica la *Nivelación Segmentada* (Codificación Nivelada por Segmentación), con la que se consigue una eficiencia bastante superior no sólo respecto de la Codificación Huffman, sino de la Codificación Huffman Segmentada, tal y como se verá con los resultados presentados a continuación.

5.5 Nivelación por Segmentación

La *Segmentación* va a ser aplicable sobre cualquier tipo de código VLC, ya sea Huffman, Nivelación, .., etc, aunque no todos los VLC ofrecen el mismo grado de efectividad y adaptación a la segmentación.

El método de *segmentación* va a consistir en utilizar dos tablas correlacionadas obtenidas a partir del mismo conjunto de datos :

1. Tabla de ocurrencia de segmentos con diferente intensidad. Aquí los segmentos de distinta longitud, pero misma intensidad, se agrupan juntos (*Tabla 3*).

2. Tabla de ocurrencia de longitudes de segmentos, con independencia de que representen intensidades diferentes (*Tabla 4*).

Cada una de las tablas define un código *VLC*, a partir de los que se consigue el flujo de bits total, transmitiendo los mismos de forma alternada, es decir, usando *pares código* del tipo **(intensidad segmento, longitud)**. Para la figura propuesta se tiene ,

1. **Huffman Segmentado + VLI** : (64 bits +129 bits) + 1 byte_VLI +

   +(33códigos*5) = 366 bits=46 bytes .

El flujo total en este caso para transmisión de código es de 64+129=193 bits, más 2 pares de vectores de tablas que definen 33 códigos compuestos por:

- 3 símbolos de intensidad + 3 códigos longitud + 3 códigos VLC , para la Tabla de Ocurrencia de Intensidades,

- 8 símbolos de longitud + 8 códigos longitud + 8 códigos VLC , para la Tabla de Ocurrencia de Longitudes.

De los 11x3 elementos entre ambas tablas, numéricamente el mayor es el 16, por lo que el VLI asociado debe ser 5 , dando lugar a un total de 21 bytes para tablas (33*5=165bits).

Intensidad	Ocurrencia	P(Ocurr.)%	VLC
0	24	55	1
1	11	25	00
3	9	20	00
	$\sum = 44$	100%	64 bits

Tabla 3.1   Ocurrencia intensidades

Longitud	Ocurrencia	P(Ocurr.)%	VLC
3	9	21	111
4	9	21	110
2	5	12	101
5	5	12	100
16	4	9	011
8	4	9	010
6	4	9	001
1	3	7	000
	$\sum = 43$	100%	129 bits

Tabla 4.1   Ocurrencia longitudes

2. **Canonical Huffman Segmentado + VLI** : (64 bits +129 bits) + 1 byte_VLI +

+(14códigos*5) = 271 bits=34 bytes .

El código reducido de las tablas es (1,2) y (8), para intensidades y longitudes, respectivamente. Por tanto, se tienen (8+3) símbolos +3 códigos que representan 70 bits (14*5), esto es, 9 bytes.

3. **Nivelación Segmentada + VLI** : (64 bits +127 bits) + 1 byte_VLI + +(16códigos*5) = 279 bits=35 bytes .

El flujo total en este caso para transmisión de código es de 64+127=191 bits, más 2 pares de vectores de tablas que definen 18 códigos compuestos por:

- 3 símbolos de intensidad + $c_1(j)$=(1,2) , para la Tabla de Ocurrencia de Intensidades,

- 8 símbolos de longitud + $c_2(j)$=(1,5,2) , para la Tabla de Ocurrencia de Longitudes.

De los (11+5) elementos entre ambas tablas, numéricamente el mayor es el 16, por lo que el VLI asociado debe ser 5 , dando lugar a un total de 10 bytes para tablas.

Tabla 3.2   Ocurrencia intensidades

Intens.	Ocurr.	P(Oc.)%	VLC	Significado
0	24	55	0	0
1	11	25	10	2
3	9	20	11	3
$\Sigma=44$	100%	64 bits, $c(j)=(1,2)$		

Tabla 4.2   Ocurrencia longitudes

Long.	Ocurr.	P(Oc.)%	VLC	Significado
3	9	21	00	0
4	9	21	010	2
2	5	12	011	3
5	5	12	100	4
16	4	9	101	5
8	4	9	110	6
6	4	9	1110	14
1	3	7	1111	15
$\Sigma=43$	100%	127bits, $c(j)=(1,5,2)$		

4. **Canonical Huffman Segmentado + doble_VLI** : (64 bits +129 bits) + 1 byte_VLI_Símb + 1 byte_VLI_Código_Reducido + (11símbolosx5)+(3códigosx4) = 276 bits = 35 bytes.

5. **Nivelación Segmentada + doble_VLI** : (64 bits +127 bits) + 1 byte_VLI_Símb + 1 byte_VLI_Código_Reducido + (11símbolosx5)+(5códigosx3) = 277 bits =

= 35 bytes .

Considerando las Tablas 3.2 Ocurrencia de Intensidades y 4.2 Ocurrencia de Longitudes y, utilizando ahora un VLI asociado a Vectores_Símbolos y otro VLI asociado a Vectores_Código_Reducido, se tendrá,

Un flujo total en este caso para transmisión de código de 64+127=191 bits, más 2 pares de vectores de tablas que definen 16 códigos compuestos por:

- 3 símbolos de intensidad + $c_1(j)=(1,2)$, para la Tabla de Ocurrencia de Intensidades,
- 8 símbolos de longitud + $c_2(j)=(1,5,2)$, para la Tabla de Ocurrencia de Longitudes.

De los 11 símbolos entre ambas tablas, numéricamente el mayor es el 16, por lo que el VLI asociado debe ser 5 .Por otro lado, de los 5 códigos entre ambas tablas, numéricamente el mayor es el 5, por lo que el VLI asociado debe ser 3. De esta manera, las tablas dan lugar a un total de 9 bytes para tablas.

Doble VLI no es aplicable a Huffman Segmentado, al no utilizar Tablas con "significado" en los códigos, como ocurre con la Nivelación.

Un resumen de los resultados obtenidos, sobre el ejemplo de la imagen de la *Figura 5.2*, se propone en la Tabla siguiente, donde se observa la validez del procedimiento de *Nivelación_Segmentada*, ya sea de *VLI_simple* o *Doble_VLI*, frente al resto de codificaciones convencionales.

Procedimiento	Flujo Transmisión Código (bits)	VLI (bytes)	Tabla (bytes)	Tabla (bits)	Total bits	Total bytes	Rate de compresión (sobre bytes)
Sin Compresión	1792	-	-	-	1792	224	1:1
RLE	704	-	-	-	704	88	1:2.6
Huffman	286	-	9	72	358	45	1:5
Canonical Huffman	286	-	5	40	326	41	1:5.5
Nivelación	286	-	5	40	326	41	1:5.5
Huffman_VLI	286	1	3	18	318	40	1:5.6
Canonical H. VLI	286	1	2	10	304	38	1:5.9
Nivelación_VLI	286	1	2	10	304	38	1:5.9
Huffman Segmentado_VLI	193	1	21	165	366	46	1:4.9
Nivelación Segmentada_VLI	191	1	10	80	279	35	1:6.4
Nivelación Segmentada_2VLI	191	2	9	67	277	35	1:6.4

El Rate de Compresión indica la relación de bytes entre la imagen original sin codificar y la imagen codificada.

5.6 Comparación de Codificaciones VLC (II)

Supuesta una imagen algo más compleja, como la de la *Figura 5.4*, con 5 valores de cuantificación.

En función del tipo de codificación aplicada sobre la imagen ejemplo se obtienen los siguientes resultados:

1. **Sin Codificación**: 224 bytes = 1792 bits .

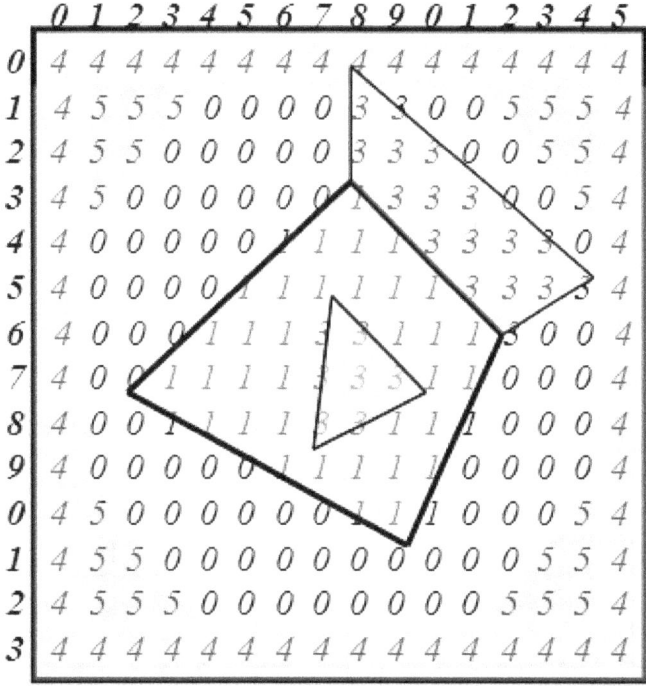

Figura 5.4   Imagen muestreada de tamaño 16x14 pixels.

2. **Codificación Huffman**: 516 bits + 15 bytes_Tabla[6] = 80 bytes = 636 bits .

Símbolo	Ocurrencia	P(Ocurrencia)%	VLC
0	78	35	1
4	60	27	011
1	38	17	010
5	24	10.5	001
3	24	10.5	000
	$\sum$ = 224	100 %	516 bits

3. **Canonical Huffman**: 516 bits + 8 bytes_Tabla = 73 bytes = 580 bits

El código reducido es (1,0,4). Por tanto, se tienen 5 símbolos más 3 códigos para la tabla.

---

[6] Por cada elemento de la Tabla hay que codificar la terna (*símbolo, longitud, código*), donde *longitud* es la del *código* asociado a cada *símbolo* .

4. **Codificación RLE** : 158 bytes = 1264 bits .

Dada por las ristras de pares (longitud, símbolo) siguientes:

16, 4, 1, 4, 3, 5, 4, 0, 2, 3, 2, 0, 3, 5, 1, 4, 1, 4, 2, 5, 5, 0, 3, 3, 2, 0, 2, 5, 1, 4, 1, 4, 1, 5, 6, 0, 1, 1, 3, 3, 2, 0, 1, 5, 1, 4, 1, 4, 5, 0, 4, 1, 4, 3, 1, 0, 1, 4, 1, 4, 4, 0, 6, 1, 4, 3, 1, 4, 1, 4, 3, 0, 3, 1, 2, 3, 3, 1, 1, 3, 2, 0, 1, 4, 1, 4, 2, 0, 4, 1, 3, 3, 2, 1, 3, 0, 1, 4, 1, 4, 2, 0, 4, 1, 2, 3, 3, 1, 3, 0, 1, 4, 1, 4, 5, 0, 5, 1, 4, 0, 1, 4, 1, 4, 1, 5, 6, 0, 3, 1, 3, 0, 1, 5, 1, 4, 1, 4, 2, 5, 10, 0, 2, 5, 1, 4, 1, 4, 3, 5, 8, 0, 3, 5, 1, 4, 16, 4

5. **Codificación Nivelada** : 496 bits + 7 bytes_Tabla[7] = 69 bytes = 552 bits .

Símbolo	Ocurrencia	P(Ocurrencia)%	VLC	Significado
0	78	35	00	0
4	60	27	01	1
1	38	17	10	2
5	24	10.5	110	6
3	24	10.5	111	7
	$\sum = 224$	100 %	496 bits	$c(j)=(3,2)$

6. **Codificación Huffman + VLI**: 516 bits + 1 byte_VLI +6 bytes_Tabla =

= 72 bytes = 569 bits .

Aplicando asociación VLI a la tabla del Código Huffman dado en (2), se tiene VLI=3, por lo que los 15 elementos de la tabla "caben" en 6 bytes (15x3=45 bits) .

7. **Canonical Huffman + VLI**: 516 bits + 1 byte_VLI +3 bytes_Tabla =

= 68 bytes = 540 bits

8. **Codificación Nivelada + VLI**: 496 bits + 1 byte_VLI +3 bytes_Tabla =

= 66 bytes = 528 bits .

Aplicando asociación VLI a la tabla del Código Nivelado dado en (4), se tiene VLI=3, por lo que los 7 elementos de la tabla "caben" en 3 bytes (7x3=21 bits) .

En este ejemplo y, como el número de símbolos es mayor que en el anterior ejemplo, se empieza a apreciar diferencia importante entre la Codificación Huffman y la Codificación Nivelada.

---

[7] En la Tabla se codifican todos los *símbolos* y el *código reducido.*.

9. **Huffman Segmentado + VLI** : (189 bits +204 bits) + 1 byte_VLI(6) +
   + (14códigos*3*6) = 657 bits = 83 bytes .

Tabla 5.1 Ocurrencia intensidades   *Tabla 6.1 Ocurrencia longitudes*

Intensidad	Ocurrencia	P(Ocurr.)%	VLC	Longitud	Ocurrencia	P(Ocurr.)%	VLC
4	30	36	1	1	35	42	1
0	21	25	011	3	15	18	011
5	12	15	010	2	14	17	010
1	11	13	001	4	8	10	0011
3	9	11	000	5	4	5	0010
	$\sum = 83$	100%	189 bits	6	3	4	0001
				16	2	2.4	00001
				10	1	0.8	000001
				8	1	0.8	000000
					$\sum = 83$	100%	204 bits

El flujo total en este caso para transmisión de código es de 189+204=393 bits, más 2 pares de vectores de tablas que definen 42 códigos compuestos por:

- 5 símbolos de intensidad + 5 códigos longitud + 5 códigos VLC , para la Tabla de Ocurrencia de Intensidades,

- 9 símbolos de longitud + 9 códigos longitud + 9 códigos VLC , para la Tabla de Ocurrencia de Longitudes.

De los 14x3 elementos entre ambas tablas, numéricamente el mayor es el 35, por lo que el VLI asociado debe ser 6, dando lugar a un total de 32 bytes para tablas.

10. **Canonical Huffman Segmentado + VLI** : (189 bits +204 bits) + 1 byte_VLI(6) + [(14+9) códigos*6] = 539 bits = 68 bytes

El código reducido es (1,0,4) y (1,0,2,3,1,2) para intensidades y longitudes, respectivamente.

11. **Nivelación Segmentada + VLI** : (186 bits +203 bits) + 1 byte_VLI (6) +
    + (23códigos*6)= 535 bits= 67 bytes .

El flujo total en este caso para transmisión de código es de 186+203=389 bits, más 2 pares de vectores de tablas que definen 23 códigos compuestos por:

- 5 símbolos de intensidad + $c_1(j)=(3,2)$, para la Tabla de Ocurrencia de Intensidades,
- 9 símbolos de longitud + $c_2(j)=(1,0,3,1,1,1,2)$, para la Tabla de Ocurrencia de Longitudes.

De los 14+9 elementos entre ambas tablas, numéricamente el mayor es el 35, por lo que el VLI asociado debe ser 6 , dando lugar a un total de 18 bytes para tablas.

Tabla 5.2 Ocurrencia intensidades   *Tabla 6.2 Ocurrencia longitudes*

Intens.	Ocurr.	P(Oc.)%	VLC	Significado
4	30	36	00	0
0	21	25	01	1
5	12	15	10	2
1	11	13	110	6
3	9	11	111	7
	$\sum = 83$	100%	186bits $c(j)=(3,2)$	

Long.	Ocurr.	P(Oc.)%	VLC	Significado
1	35	42	0	0
3	15	18	100	4
2	14	17	101	5
4	8	10	110	6
5	4	5	1110	14
6	3	4	11110	30
16	2	2.4	111110	62
10	1	0.8	1111110	126
8	1	0.8	1111111	127
	$\sum = 83$	100%	203bits $c(j)=(1,0,3,1,1,1,2)$	

12. Nivelación Segmentada + doble_VLI :

(186 bits +203 bits) + 1 byte_VLI_Símb + 1 byte_VLI_Código_Reducido +

+ (14símbolos*6)+(9códigos*2) = 507 bits=64 bytes .

Considerando las Tablas 5.2 Ocurrencia de Intensidades y 6.2 Ocurrencia de Longitudes y, utilizando ahora un VLI asociado a Vectores_Símbolos y otro VLI asociado a Vectores_Código_Reducido, se tendrá,

Un flujo total en este caso para transmisión de código de 186+203=389 bits, más 2 pares de vectores de tablas que definen 23 códigos compuestos por:

- 5 símbolos de intensidad + $c_1(j)=(3,2)$, para la Tabla de Ocurrencia de Intensidades,
- 9 símbolos de longitud + $c_2(j)=(1,0,3,1,1,1,2)$, para la Tabla de Ocurrencia de Longitudes.

De los 14 símbolos entre ambas tablas, numéricamente el mayor es el 35, por lo que el VLI asociado debe ser 6. Por otro lado, de los 9 códigos entre ambas tablas, numéricamente el mayor es el 3, por lo que el VLI asociado debe ser 2. De esta manera, las tablas dan lugar a un total de 13 bytes para tablas (102 bits).

Un resumen de los resultados obtenidos, sobre el ejemplo de la imagen de la *Figura 5.4*, se propone en la Tabla siguiente, donde se observa la validez del procedimiento de *Nivelación_Segmentada*, ya sea de *VLI_simple* o *Doble_VLI*, frente al resto de codificaciones convencionales.

Procedimiento	Flujo Transmisión Código (bits)	VLI (bytes)	Tabla (bytes)	Tabla (bits)	Total bits	Total bytes	Rate de compresión
Sin Compresión	1792	-	-	-	1792	224	1:1
RLE	1264	-	-	-	1264	158	1:1.4
Huffman	516	-	15	120	636	80	1:2.8
Canonical Huffm.	516	-	8	73	580	73	1:3.1
Nivelación	496	-	7	56	552	69	1:3.3
Huffman_VLI	516	1	6	45	569	72	1:3.1
Canonical H.VLI	516	1	3	24	540	68	1:3.3
Nivelación_VLI	496	1	3	21	528	66	1:3.4
Huffman Segmentado_VLI	393	1	32	252	657	83	1:2.7
Canonical Huffm. Segmentado VLI	393	1	18	138	539	68	1:3.3
Nivelación Segmentada_VLI	389	1	18	138	535	67	1:3.3
Nivelación Segmentada_2VLI	389	2	13	102	507	64	1:3.5
Canonical Huffm. Segmentado_2VLI	393	2	14	111	520	65	1:3.5

5.7. Introducción a la Implementación por Reordenación Nivelada

Se hace patente la necesidad actual de procedimientos de codificación para compresión de datos. El manejo de grandes cantidades de información obliga a reducir el tamaño de los paquetes de datos con los que se trabaja y, el modo de conseguirlo, es eliminar la redundancia inherente a dicha información.

Por otro lado, es importante tener en cuenta que la redundancia de datos constituye la forma de no perder información, cuando en su transferencia ésta se ve afectada por interferencias. Lo habitual es realizar un tratamiento digital previo de la información, que reduce el nivel de interferencias, tras el cual se aplica una reordenación que permite eliminar redundancia, reduciendo así el tamaño de las cantidades de información que se manejan.

El trabajo que nos ocupa en este Capítulo presenta dos procedimientos de compresión sin pérdida, basados en la reordenación por niveles, de acuerdo a la teoría propuesta en el capítulo anterior. Ambos procedimientos ofrecen rendimientos diferentes, dependiendo de las características de la información sobre la que actúan.

Se define el *nivel de compresión o de reducción* de un archivo de datos como la relación que existe entre el tamaño del archivo, tras la aplicación del procedimiento de reordenación, y su tamaño original. El nivel de compresión se expresa en tanto por ciento relativo a las dimensiones originales de la información tratada. Por ejemplo, un nivel del 80% significa que el archivo ahora comprimido ocupa el 80% del tamaño relativo a la información no comprimida.

El nivel de compresión de un archivo de datos será función del tipo de codificación aplicada, así como, de las características propias de la información. Como el tipo de codificación para compresión de datos a aplicar, en la implementación propuesta a continuación, depende del tipo de información, al final el nivel de reducción será función exclusiva de las características de los datos a tratar.

Cuando se habla de características de la información se hace referencia a, si existen muchos o pocos estados, dentro de todos los posibles; si los niveles de ocurrencia (frecuencia) de dichos estados difieren mucho o poco entre sí: desigualdad de probabilidades aguda o no aguda; y, sobre todo, y es lo que se observa para decidir si aplicar un tipo de codificación u otro, si los niveles de repetición sucesiva de los diferentes estados se dan en alto grado o, por el contrario, tienen valores bajos.

Los procedimientos de reordenación de información propuestos en el capítulo anterior se caracterizan por los siguientes parámetros de adaptación a archivos de datos:

- Nivelación : ofrece máximo rendimiento aplicada sobre datos con bajo nivel de repetición sucesiva de estados.

La Nivelación resulta óptima para tratamiento de textos o imágenes heterogéneas con multitud de objetos y niveles de luminosidad de valores no correlacionables y no repetibles. Por ejemplo, en un texto cualquiera la letra "*a*" puede aparecer una gran cantidad de veces (frecuencia alta), pero es muy difícil encontrarse dos o más letras "*a*" seguidas.

- Nivelación Segmentada : presenta máximo rendimiento aplicada sobre datos con alto nivel de repetición sucesiva de estados. Óptima para tratamiento de imágenes en general, donde los diferentes niveles de luminosidad suelen repetirse de forma sucesiva, ya sea linealmente o en 2 o más dimensiones.

En el tratamiento de los datos, con la implementación que se propone a continuación, se van a distinguir tres tipos de conjuntos de estados diferentes :

1- Intensidad : representa los valores que puede tomar un dato dentro del archivo a tratar. Su nivel de ocurrencia se expresa contando la cantidad de veces que aparece cada estado intensidad dentro del archivo de datos. Por ejemplo, en un texto cada letra diferente define una intensidad distinta, con frecuencias el número de veces que aparece cada una.

2- Grado de Intensidad : se define del mismo modo que el estado intensidad, solo que los niveles de ocurrencia se expresan contando el número de veces que aparece un estado grado de intensidad en diferentes segmentos lineales del archivo. Es decir, si un estado intensidad se repite sucesivamente, por ejemplo, 15 veces seguidas definiendo un segmento de longitud 15, el nivel de ocurrencia correspondiente a ese grado de intensidad se incrementa sólo en una unidad.

3- Longitud : constituye los valores de los diferentes segmentos lineales que aparecen en el archivo de datos. La frecuencia de una longitud es independiente del grado de intensidad de los segmentos; mide sólo la cantidad de veces que aparece un segmento con una determinada longitud.

5.8   Implementación de la Compresión por Reordenación Nivelada

El programa propuesto trabaja con archivos no específicos, es decir, en primer lugar la información a codificar se ofrece almacenada en forma de estructura de datos externa (fichero) y, en segundo lugar, el tipo de información no tiene por que ser de una clase determinada (texto, imagen, datos voz, ..).

La única restricción sobre la información contenida en el archivo de datos está en que éstos se dan cuantificados con una precisión de 8 bits, es decir, se expresan en forma de valores numéricos comprendidos entre 0 y 255.

El usuario accede al programa llamando al ejecutable por su nombre (*RN : Reordenación por Nivelación*) al que pueden acompañar o no algunos parámetros:

- Admite como parámetro de llamada exterior, desde el punto indicativo del sistema, el nombre del archivo de datos a tratar y una letra [C/D], la cual indica si se pretende comprimir (codificar) o descomprimir (decodificar). Con estos datos el programa ejecuta la acción pedida directamente.

- Si sólo se llama al programa implementado, o bien, no se da alguno de los dos parámetros necesarios para el tratamiento de la información, se accede a un menú donde el usuario introducirá los datos que necesita el programa para aplicar alguna acción específica.

Por tanto, los primeros parámetros que precisa el programa para empezar a trabajar son, el *nombre del archivo* de datos que contiene la información y si se pretende *codificar* (comprimir) o *decodificar* (descomprimir). El modo de obtener dichos parámetros se ha comentado anteriormente.

A partir de ellos el programa accede a los datos del archivo especificado y realiza las acciones pertinentes, ofreciendo los resultados, tanto si se trata de la codificación, como de la decodificación, sobre la estructura del archivo original nombrado inicialmente.

Las acciones a llevar a cabo en cada uno de los procedimientos escogidos, serán las siguientes :

- Procedimiento de Compresión :

1- Se parte de un archivo de datos genérico (*ARCHIVO*) con valores almacenados en bytes (valor numérico decimal entre 0 y 255).

2- Se efectúa una primera pasada (lectura de datos) sobre *ARCHIVO* , realizando una serie de acciones :

(a) Definir archivos de contadores y cargarlos :

- Tabla de Intensidades V0: constituida por registros de pares *Intensidad-Cantidad* . Contiene n_i registros en total.

- Tabla de Grados de Intensidad V1 : constituida por registros de pares *Grados Intensidad-Cantidad* . Contiene n_i registros en total.

- Tabla de Longitudes V2 : constituida por registros de pares *Longitud-Cantidad* . Contiene n_l registros en total.

(b) Ordenar archivos de contadores V0, V1 y V2 por nivel de ocurrencia, de mayor a menor, sobre el campo de registro *Cantidad*. Definir valores acumulados sobre dicho campo de registro *AC0, AC1 y AC2*.

(c) Aplicar el procedimiento de codificación nivelada sobre los archivos ordenados V0, V1 y V2, creando para cada uno de ellos :

- Archivo *código m(i)* de pares *valor-código* con $i=[n_i , n_l]$

- Archivo *código reducido c(j)* de valores simples (*j* en total) [8].

- Valor *j*, que define el tamaño del vector *c(j)*.

3- Decidir si aplicar *Nivelación* (usando sólo V0) o *Nivelación Segmentada* (usando V1 y V2). Para ello se llevan a cabo las siguientes acciones :

- Determinar el número de bytes en *ARCHIVO* sin codificar (*TOTAL*).

- Con $m_0(i)$ y sobre V0 obtener el número de bytes de *ARCHIVO* comprimido por Nivelación (B_0). Nivel Compresión 0 = B_0/*TOTAL*.

- Con $m_1(i)$ y $m_2(i')$ y sobre V1 y V2, respectivamente, obtener el número de bytes de *ARCHIVO* comprimido por Nivelación Segmentada(B_1+B_2). Nivel Compresión 1 = (B_1+B_2)/*TOTAL*.

- Se aplicará finalmente el tipo de codificación que ofrezca el Nivel de Compresión Relativo más bajo.

---

[8]   Ver la teoría en el capítulo anterior para generación de *m(i)* y *c(j)*.

4- Realizar una segunda pasada sobre *ARCHIVO* y definir un archivo *TEMPORAL* donde se almacenan bytes, según la estructura :

- Cabecera : con parámetros enteros , (*tipo, i, j, v_{simb}, c(j)*), donde *tipo* (0 o 1) define la clase de codificación aplicada, *i* es el número de valores (estados), *j* es el tamaño del vector código reducido, v_{simb} son todos los posibles valores y *c(j)* el código reducido [9].

- Cuerpo : aplicando la codificación elegida, contiene en forma de bytes los datos reducidos (comprimidos).

5- Transferir los datos de *TEMPORAL a ARCHIVO*, sobrescribiendo.

6- Borrar archivos temporales y archivos contadores, dejando sólo *ARCHIVO*.

- Procedimiento de Descompresión :

1- Se parte de un archivo de datos genérico (*ARCHIVO*) con valores almacenados en bytes (valor numérico decimal entre 0 y 255).

2- Se efectúa una primera y única pasada (lectura de datos) sobre *ARCHIVO* , actuando como sigue :

(a) Leer parámetros de la cabecera del archivo comprimido :

- Determinar el tipo de compresión con la que están codificados los datos en *ARCHIVO* (0-Nivelación, 1-Segmentación)

- Definir tablas $m_0(i)$, o $m_1(i)$ y $m_2(i')$, según corresponda.

(b) Decodificar el cuerpo de *ARCHIVO* (descomprimir) según las tablas adjuntas, almacenando los datos resultantes en un archivo *TEMPORAL*.

3- Transferir los datos de *TEMPORAL a ARCHIVO*, sobrescribiendo.

4- Borrar archivos temporales y archivos contadores, dejando sólo *ARCHIVO* ya decodificado.

A continuación se propone una descripción del programa *Nivelación* en forma de Diagrama de Bloques (*Figura 5.5*), donde se observan los posibles diferentes subprogramas asociados, seguido de una descripción general en forma de Diagrama de Funciones (*Figura 5.6*).

---

[9]   En el caso de Nivelación Segmentada, existe un grupo de parámetros de este tipo por cada archivo V1 y V2.

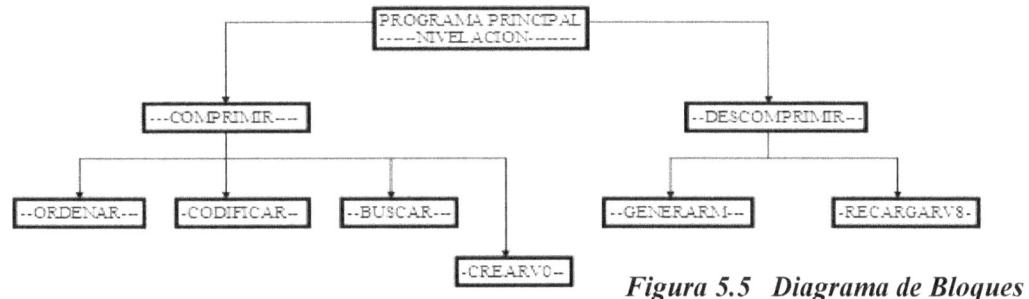

Figura 5.5   Diagrama de Bloques

PROGRAMA_PRINCIPAL

<MENU_PRINCIPAL>

    * Recoger ARCHIVO

    * Definir OPCION (Compresión/Descompresión)

    <COMPRIMIR>

        * Definir Archivos de Contadores y Cargarlos:

            V0 => Tabla de INTENSIDADES (n_i registros)

            V1 => Tabla de GRADOS DE INTENSIDAD (n_i registros)

            V2 => Tabla de LONGITUDES (n_l registros)

        * TOTAL=número de bytes de ARCHIVO

        * <ORDENAR> : V0, V1 y V2

        * <CODIFICAR> : V0, V1 y V2

            Crear Archivos de Código : c_0, c_1, c_2, m_0, m_1, m_2

            Generar valores de Compresión en bytes : B_0, B_1, B_2

        * Elegir tipo de Codificación con valor de Compresión inferior.

        * Generar Archivo Comprimido TEMPORAL :

            Cabecera : parámetros => tipo, i, j, v_{simb}, c(j)

            Cuerpo : <BUSCAR> en Tablas asociadas y Cargar valores.

        * Nivel de Compresión : B/TOTAL , con B=[B_0, B_1+B_2]

        * Transferir TEMPORAL a ARCHIVO

        * Borrar Archivos Temporales y Contadores.

    FIN_COMPRIMIR

    <DESCOMPRIMIR>

        * Detectar Tipo de Compresión en ARCHIVO :

            Tipo 0 = NIVELACION

            Tipo 1 = NIVELACION SEGMENTADA

        * <GENERAR_M> : crear Tabla(s) m(i) y definir LON_INI

        * Leer Cuerpo usando Tabla(s) m(i)

        * <RECARGAR_V8> : cargar valores decodificados en TEMPORAL

        * Transferir TEMPORAL a ARCHIVO

        * Borrar Archivos Temporales y Contadores.

    FIN_DESCOMPRIMIR

FIN_PROGRAMA

Figura 5.6   Diagrama por Funciones

Se presentan ahora dos propuestas de posibles desarrollos con base en el programa Reordenación por Nivelación (RN), que pueden servir para mejorar y ampliar las posibilidades de tratamiento de la información en la etapa de codificación.

5.9   Segmentación Bidimensional

La redundancia de datos se puede considerar tratando cada uno de los valores de los mismos de forma individual, dentro del archivo en el que se definen (*VLC* Nivelación), o bien considerando la relación que pueda existir entre cada dato y los que le rodean (correlación).

El caso más simple de correlación posible es el que se ha considerado en el programa RN implementado, a través del procedimiento nombrado como Segmentación.

La Nivelación Segmentada trabaja con correlación basada en la repetición sucesiva lineal de datos con mismo valor. Es decir, en primer lugar sólo tiene en cuenta correlación entre datos cuando éstos tienen todos el mismo valor y, en segundo lugar, sólo se observa si se cumple la primera condición sobre el dato a la derecha y a la izquierda del que se está considerando (relación lineal).

En archivos específicos de imágenes existe habitualmente un alto grado de correlación entre datos, a saber, los datos alrededor de uno dado cuentan con una alta probabilidad de tener valores parecidos al del considerado   (no tienen porqué ser iguales).

Cuando se habla de "*datos alrededor de uno dado*", se está haciendo una referencia al menos bidimensional. Es decir, si se considera una única imagen de dos dimensiones espaciales, se estará entendiendo que se deben considerar los datos, como mínimo, a la izquierda, derecha, arriba y abajo del mencionado.

Se puede ir más allá aún y, en el caso de secuencias de imágenes de 2 dimensiones, considerar correlación de datos sobre las dos dimensiones espaciales y la tercera temporal (datos pasado y futuro), o bien, para imágenes tomográficas tener en cuenta sus tres dimensiones espaciales.

Aquí se propone una ampliación del caso más sencillo de correlación de datos (lineal y mismo valor), a través de la denominación de Segmentación Bidimensional.

En la Segmentación Bidimensional se pretende buscar segmentos rectangulares con mismo grado de intensidad[10].

En el procedimiento de Nivelación Segmentada se codifica utilizando pares de valores (Intensidad, Longitud), de manera que se aplica la compresión por nivelación a cada parámetro por separado, existiendo por tanto una tabla de códigos para Intensidades y otra para Longitudes. Por ejemplo, el par (8,58) significa que se tienen 58 datos seguidos con valor 8.

Ahora, se van a usar codificaciones de ternas de valores (*Intensidad, Longitud, Anchura*), definiendo para cada parámetro su propia tabla de códigos por Nivelación. De está manera, para codificar un segmento, por ejemplo, de 10x20 pixels con valor 7, se trabajaría con la terna (7,10,20), buscando el código de cada valor en su correspondiente tabla de codificación.

El problema con el que nos encontramos a la hora de pretender implementar esta teoría de tratamiento de información es que los datos de un archivo se almacenan siempre de forma lineal. Esto significa que si el archivo a tratar es una imagen de 512x512 pixels (bytes), hay que tener en cuenta que el dato 513 en memoria es en realidad el dato 1 de la fila 2; y si, por ejemplo, existe en el origen un segmento de 50x20 pixels, habrá que leer los 50 primeros datos linealmente, pero el número 51 a leer debe ser el dato 1 de la fila 2, es decir, el dato 513 en memoria. En conclusión, en la segmentación bidimensional resulta absolutamente necesario conocer las dimensiones *AnchoxAlto* del archivo de datos a tratar.

5.10   Función de Aprendizaje dentro de un Sistema en Funcionamiento

Una forma de mejorar el funcionamiento de un sistema es asociarlo a un módulo de aprendizaje. Para ello, será necesario conocer inicialmente el sistema utilizado y el entorno de trabajo alrededor del mismo. A partir de aquí se puede plantear la búsqueda de un marco para aprendizaje y resolución de problemas.

---

[10]   Se puede proponer también determinar segmentos rectangulares con grado de intensidad definido como valor medio entero de los datos en el segmento considerado, buscando no una única intensidad, sino permitir una gama de intensidades, dentro de unos límites predefinidos de variaciones de grados de intensidad. El problema de este procedimiento estaría en la pérdida de información en la decodificación, ya que en ella se considerarían con igual valor todos los datos de un mismo segmento.

La manera de definir una función de aprendizaje efectiva, dentro del sistema en funcionamiento considerado, es conseguir que aporte a la estructura del conjunto las siguientes propiedades [6][9] :

- Generalización de conceptos en base a ejemplos dados.

- Especificación de los conceptos del aprendizaje que se pretende obtener, es decir, identificación de estados para optimización del sistema.

- Definición de cómo y cuándo se ha de realizar el aprendizaje, esto es, determinación de procedimientos a seguir cuando haga falta mejorar el rendimiento del sistema y, de si es necesario o no aplicar estos procedimientos para resolver el problema planteado.

- Organización de lo aprendido en forma de datos indexados en una base de conocimiento. Cuando se plantea un tipo de problema determinado se busca en la base de conocimiento y, con los datos existentes comienza el proceso de aprendizaje. Si el problema planteado se parece mucho al almacenado , se estará más cerca de encontrar la solución (menor tiempo de resolución), que si no se parecen demasiado.

- Aprendizaje de control, a saber, el módulo incorporado al sistema se añade creando una estructura realimentada en forma de lazo cerrado. Con ello, al sistema en funcionamiento le llegan a la entrada los problemas a resolver , pero también conoce en la misma las soluciones que se dan a la salida y, que sirven como conocimiento añadido a la entrada.

Pero, globalmente, ¿de qué manera se manifiesta el aprendizaje sobre un sistema en funcionamiento? Se dice que la capacidad de aprender se expresa en la mejora del comportamiento u optimización del funcionamiento del sistema. Esto significa que las soluciones proporcionadas por un sistema asociado a una función de aprendizaje se parecen cada vez más a la solución ideal, identificada ésta por aquella más correcta y dada en el menor tiempo posible.

El aprendizaje se puede manifestar a nivel de conocimiento o a nivel simbólico. A nivel de conocimiento o nivel superior el aprendizaje se produce cuando hay inyección de conocimiento. A nivel simbólico o nivel básico se considera el aprendizaje en procesos como, reconocimiento de relaciones, evaluaciones (modificar-almacenar-eliminar), búsquedas de conceptos o datos, consolidación de resultados ampliando el marco de reconocimiento, etc.

5.11   Función de Aprendizaje en la Reordenación Nivelada

Se pretende añadir una función de aprendizaje en el programa de Reordenación Nivelada (RN), cuyo funcionamiento y descripción detallada se ha especificado anteriormente [2].

El sistema en funcionamiento, así como, el entorno en el que se desarrolla, se conocen perfectamente, por lo que se pueden empezar a plantear las resoluciones de problemas, que maneja el programa, en términos de aprendizaje, como método de optimización.

El sistema desarrollado sobre el que se va a trabajar consiste, en definitiva, en la implementación de un programa para tratamiento de la información contenida en archivos genéricos, mediante la aplicación de un procedimiento de codificación para compresión de los datos por Nivelación o por Segmentación (Nivelación Segmentada).

El programa RN efectúa una primera pasada sobre el archivo de datos a tratar y determina qué procedimiento es más efectivo en su aplicación, de acuerdo a los niveles de compresión posibles obtenidos con Nivelación y con Segmentación por separado. La codificación usada en la segunda pasada de lectura de datos del archivo a comprimir será exclusivamente de un tipo o de otro: la decisión de aplicar una codificación, excluye a la otra.

Existen archivos de información específica (en particular de imágenes), en donde se pueden encontrar regiones cuyas propiedades indiquen que resulta más adecuado aplicar Nivelación para su compresión y, otras donde, por el contrario, se observe que se obtiene un mejor rendimiento utilizando Segmentación.

Se propone un sistema de aprendizaje asociado al programa RN implementado, que pretende buscar mediante sucesivas pasadas de lectura sobre el archivo de datos la solución óptima al problema de compresión planteado. Para ello, se divide el archivo en regiones diferentes sobre las que se van a aplicar alguno de los dos tipos de codificación propuestos por separado pero, en conjunto, se pueden usar sobre cada archivo los dos procedimientos.

Como en todo proceso de aprendizaje, la capacidad del sistema de "aprender" se manifiesta en la mejora de su comportamiento. El modo de hacerlo se describe de forma modular en el Diagrama por Bloques de la *Figura 5.7.*

En la descripción modular del sistema [9] hay que distinguir procesos a nivel de conocimiento del tipo de,

- Almacenamiento de hechos, datos, en la Base de Conocimiento, en forma de tablas de codificación de datos.

- Reconocimiento y evaluación de relaciones (modificaciones, eliminaciones), en el Módulo de aprendizaje. Partiendo de las codificaciones iniciales, proporcionadas por el sistema sin módulo de aprendizaje, se pretende llegar a la codificación óptima mediante modificaciones y eliminaciones parciales sobre las primeras.

- Consolidación de resultados al encontrar la solución óptima. El resultado final se almacena en la base de conocimiento, emparejado al resultado ofrecido inicialmente por el sistema sin aprendizaje, ampliando así el marco de reconocimiento para futuras situaciones parecidas.

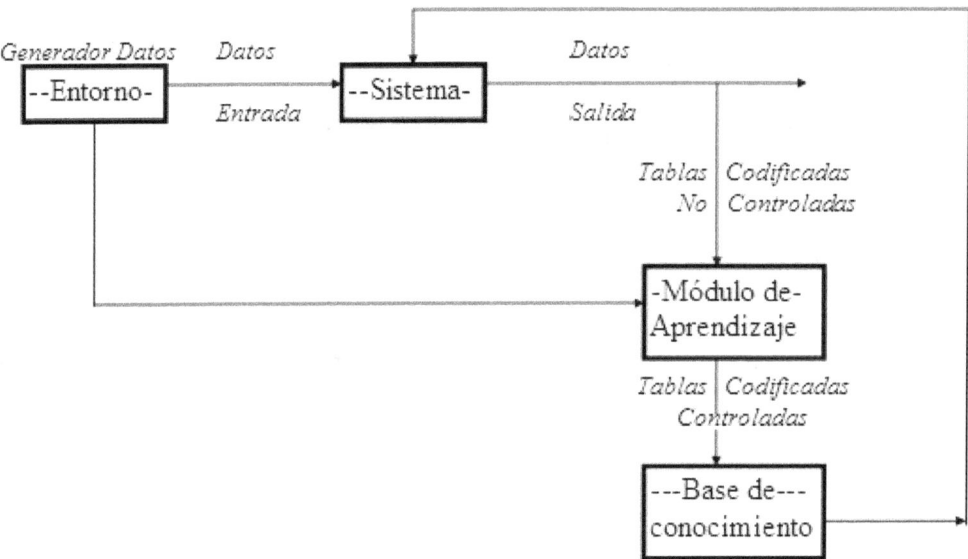

Figura 5.7   Diagrama de Bloques de la Función de Aprendizaje

5.12   Modificaciones sobre el Programa Reordenación Nivelada

Como antes de implementar el módulo de aprendizaje, el usuario accederá al programa llamando al ejecutable por su nombre (RN : Reordenación por Nivelación), al que pueden acompañar o no algunos parámetros:

- Admite como parámetro de llamada exterior, desde el punto indicativo del sistema, el nombre del archivo de datos a tratar y una letra [C/D/O], la cual indica si se pretende comprimir (codificar), descomprimir (decodificar) u optimizar (uso de la función de aprendizaje). Con estos datos el programa ejecuta la acción pedida directamente.

- Si sólo se llama al programa implementado, o bien, no se da alguno de los dos parámetros necesarios para el tratamiento de la información, se accede a un menú donde el usuario introducirá los datos que necesita el programa para aplicar alguna acción concreta.

A partir de los parámetros captados el programa accede a los datos del archivo especificado y realiza las acciones pertinentes, ofreciendo los resultados, tanto si se trata de la codificación/decodificación como de la optimización, sobre la estructura del archivo original nombrado inicialmente.

La idea inicial para la optimización de la codificación de una cierta cantidad de información sería la siguiente :

- ❑ Para un archivo de datos, encontrar las Tablas de Nivelación y Segmentación, por separado, definiendo el grado de compresión para cada una de las situaciones.

- ❑ Es probable que en este archivo existan regiones de datos donde sea preferible aplicar Nivelación y, en otras, donde interese más la Segmentación, independientemente de cual sea el proceso de compresión más apropiado de forma global.

- ❑ Se va a intentar buscar un modo de usar los dos procesos de codificación sobre el mismo archivo, pero aplicados en las zonas donde resulten más apropiados. Para ello, se define como conexión entre regiones codificadas de forma diferente en un mismo archivo el concepto de "fondo".

- ❑ El fondo será el conjunto de datos del archivo, al que se asigna un valor único, y sobre el que se va a aplicar el tipo de compresión que ha ofrecido el grado de compresión global más alto (peor). De esta manera si, por ejemplo, para una información concreta globalmente interesa más la Nivelación, se busca el fondo del archivo, con valor único a efectos del proceso de Nivelación, pero sobre el que se va a aplicar el proceso de Segmentación.

El concepto de fondo sirve de enlace entre los procedimientos Nivelación-Segmentación, sin entremezclar propiedades características de codificación.

Mediante sucesivas lecturas del archivo de datos, partiendo del conocimiento inicial de los diferentes segmentos lineales que pueda contener, se va reestructurando el fondo hasta obtener el máximo rendimiento de compresión de la información.

Es decir, se parte de un fondo determinado al que corresponde un grado de compresión concreto; modificando el fondo, cambia el grado de compresión; se paran las modificaciones sobre el fondo y, por tanto, las lecturas del archivo de datos, cuando el grado de compresión alcanza su valor óptimo, lo cual se observa cuando en sucesivas pasadas éste no mejora, sino que se degrada[11].

5.13 Implementación del Proceso de Aprendizaje

Los pasos a considerar en el proceso de aprendizaje serían los siguientes :

1- Dado un archivo de datos definir las Tablas de Nivelación y Nivelación Segmentada; determinar el nivel de compresión en cada caso y elegir el tipo de codificación de rendimiento más efectivo.

2- Definir como Tablas Codificadas No Controladas, al conjunto formado por las Tablas de datos $V0$, $V1$, $V2$, las Tablas de código m_0, m_1, m_2 y los vectores de código reducido c_0, c_1, c_2 (*Figura 5.8*).

ESTRUCTURA	FORMATO	NIVELACION Intensidad	NIVELACION SEGMENTADA Grado Intensidad	Longitud
Datos	Pares (Valor, Cantidad)	$V0$	$V1$	$V2$
Código	Pares (Valor, Código)	m_0	m_1	m_2
Código Reducido	Código	c_0	c_1	c_2

Figura 5.8   Tablas Codificadas No Controladas

---

[11]   Se supone que la elección del fondo inicial y sus posteriores modificaciones son tales, que el nivel de compresión va mejorando en el proceso de aprendizaje, tras las diferentes pasadas, hasta alcanzar su valor óptimo.

3- Buscar las Tablas No Controladas en la base de conocimiento. Si están recoger las Tablas Codificadas Controladas asociadas, que son las correspondientes a la optimización de la información, y usarlas.

4- Si no se encuentran las Tablas No Controladas, considerar la imagen dividida en dos tipos de regiones :

4.1- Si el rendimiento inicial por Nivelación es superior al rendimiento inicial por Segmentación,

4.1.1- Realizar pasadas de lectura sobre la imagen hasta encontrar el máximo rendimiento de compresión:

- Aplicar Nivelación, considerando "fondo" en los segmentos más largos.
- Aplicar Segmentación, sobre los segmentos considerados de fondo más largos.

4.1.2- Al encontrar la solución óptima, se guarda en la base de conocimiento el procedimiento: Tablas asociadas (iniciales-No Controladas, finales-Controladas).

5.1- Si el rendimiento inicial por Segmentación es superior al rendimiento inicial por Nivelación,

5.1.1- Realizar pasadas de lectura sobre la imagen hasta encontrar el máximo rendimiento de compresión:

- Aplicar Segmentación, considerando "fondo" en los segmentos más cortos.
- Aplicar Nivelación, sobre los segmentos considerados de fondo más cortos.

5.1.2- Al encontrar la solución óptima, se guarda en la base de conocimiento el procedimiento: Tablas asociadas (iniciales-No Controladas, finales-Controladas).

Por último, se propone una descripción del programa en forma de Diagrama de Bloques (*Figura 5.9*), donde se observan los diferentes subprogramas asociados, seguido de una descripción general en forma de Diagrama de Funciones (*Figura 5.10*) donde se plantea la estructura que debe tener a la hora de realizar su implementación.

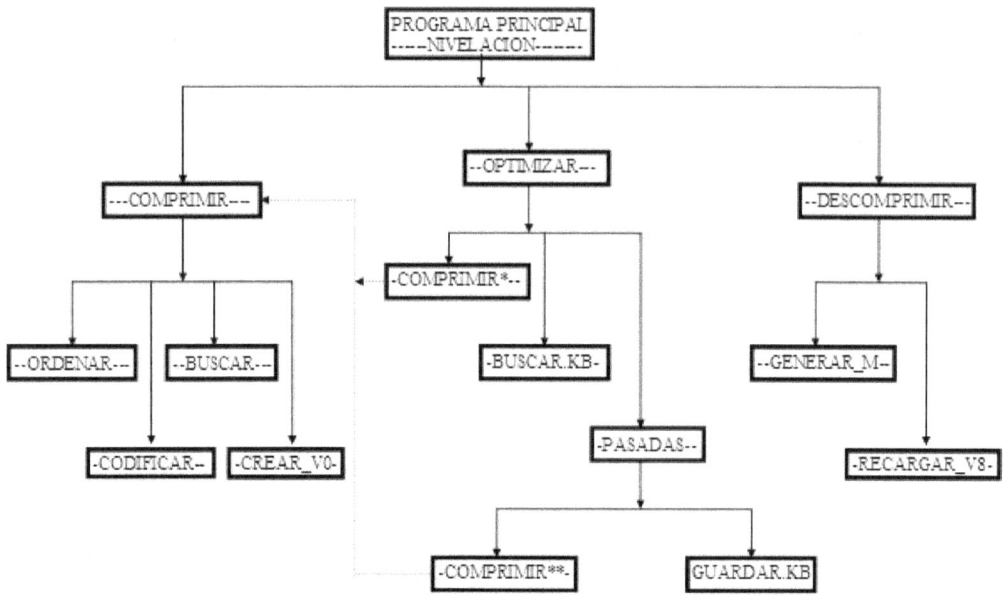

Figura 5.9   **Diagrama de Bloques del Programa Nivelación con Función de Aprendizaje**

PROGRAMA_PRINCIPAL

<MENU_PRINCIPAL>

       * Recoger ARCHIVO

       * Definir OPCION (Compresión/Descompresión/Optimización)

       <COMPRIMIR>

              * Definir Archivos de Contadores y Cargarlos:

                     V0 => Tabla de INTENSIDADES (n_i registros)

                     V1 => Tabla de GRADOS DE INTENSIDAD (n_i registros)

                     V2 => Tabla de LONGITUDES (n_l registros)

              * TOTAL=número de bytes de ARCHIVO

              * <ORDENAR> : V0, V1 y V2

              * <CODIFICAR> : V0, V1 y V2

                     Crear Archivos de Código : c_0, c_1, c_2, m_0, m_1, m_2

                     Generar valores de Compresión en bytes : B_0, B_1, B_2

              * Elegir tipo de Codificación con valor de Compresión inferior.

              * Generar Archivo Comprimido TEMPORAL :

                     Cabecera : parámetros => tipo, i, j, v_{simb}, c(j)

                     Cuerpo : <BUSCAR> en Tablas asociadas y Cargar valores.

              * Nivel de Compresión : B/TOTAL , con B=[B_0, B_1+B_2]

              * Transferir TEMPORAL a ARCHIVO

              * Borrar Archivos Temporales y Contadores.

       FIN_COMPRIMIR

\<DESCOMPRIMIR>

* Detectar Tipo de Compresión en ARCHIVO :

Tipo 0 = NIVELACION

Tipo 1 = NIVELACION SEGMENTADA

* \<GENERAR_M> : crear Tabla(s) m(i) y definir LON_INI

* Leer Cuerpo usando Tabla(s) m(i)

* \<RECARGAR_V8> : cargar valores decodificados en TEMPORAL

* Transferir TEMPORAL a ARCHIVO

* Borrar Archivos Temporales y Contadores.

FIN_DESCOMPRIMIR

\<OPTIMIZAR>

* \<COMPRIMIR*> : crear Tablas Codificadas No_Controladas, es decir,

\<COMPRIMIR> : sólo primera pasada en ARCHIVO. No crear
TEMPORAL, únicamente Tablas de Codificación.

* \<BUSCAR.KB> : buscar en Base de Conocimiento las Tablas No Controladas creadas,
definiendo:

Encontrado=0 => No existen las Tablas buscadas

Encontrado=1 => Si existen las Tablas buscadas

* \<PASADAS>,parámetros iniciales: Tablas No Controladas+ARCHIVO

SI Compresión_NIVELACION>Compresión_SEGMENTACION

En ARCHIVO considerar "Fondo" segmentos más largos

MIENTRAS Encontrado=0 HACER,

-\<COMPRIMIR**>: aplicar NIVELACION en
ARCHIVO y SEGMENTACION en Fondo.

- Si Compresión=Valor_Óptimo, Entonces
Encontrado=1,

Tablas_Código=Tablas Controladas

- Sino, modificar "Fondo" añadiéndole segmentos
largos siguientes.

SI Compresión_NIVELACION<Compresión_SEGMENTACION

En ARCHIVO considerar "Fondo" segmentos más cortos

MIENTRAS Encontrado=0 HACER,

-\<COMPRIMIR**>: aplicar SEGMENTACION en
ARCHIVO y NIVELACION en Fondo.

- Si Compresión=Valor_Óptimo, Entonces
Encontrado=1,

Tablas_Código=Tablas Controladas

- Sino, modificar "Fondo" añadiéndole segmentos
cortos siguientes.

* \<GUARDAR.KB>: almacenar en la Base de Conocimiento Tablas_No_Controladas y
Tablas_Controladas.

FIN_OPTIMIZAR

FIN_PROGRAMA

Figura 5.10   Diagrama por Funciones

6. BIBLIOGRAFÍA

[1] PROCESO DE CODIFICACION POR NIVELACION

J. Joglar y J.L.Fernandez Marrón, Congreso MATLAB 1996.

[2] COMPRESION DE DATOS POR REORDENACION NIVELADA

J. Joglar ,UNED, Facultad de Ciencias Físicas,1996.

[3] EL SISTEMA NERVIOSO EN EL CONTEXTO DE LATEORIA DE LA INFORMACION. M. Zimmermann.

[4] DIGITAL PICTURES, Representation and Compression.

A. Netravali and B. Haskell .

[5] A SURVEY OF COMPUTER GRAPHICS IMAGE ENCODING AND STORAGE FORMATS. W. E. Carlson, Computer Graphics, April 1991 .

[6] APRENDIZAJE SIMBOLICO-CURSO DE DOCTORADO

J. Gonzalez Boticario, UNED, 1996.

[7] VISION POR COMPUTADOR-PROGRAMA DE TERCER CICLO

J. L. Fernández Vindel, UNED, 1996.

[8] COMPRESION DE DATOS DIGITALIZADOS Y VIDEOCOMPRESION

J. Joglar , UNED, Facultad de Ciencias Físicas ,1995.

[9] APRENDIZAJE DE CONTROL SOBRE COMPRESION NIVELADA

J. Joglar , UNED, Facultad de Ciencias Físicas ,1996.

Javier Joglar Alcubilla

www.lulu.com/spotlight/inercia

www.avionicabarajas.blogspot.com

1ªActualización Abril_2010
2ª Actualización Agosto_2015

www.ingramcontent.com/pod-product-compliance
Lightning Source LLC
Chambersburg PA
CBHW081128170526
45165CB00008B/2600